机载探测系统导论

符小卫　主编

电子工业出版社
Publishing House of Electronics Industry
北京·BEIJING

内 容 简 介

本书主要介绍作战飞机及机载武器探测系统。其中,第一部分主要研究作战飞机机载探测系统原理,包括第 1 章和第 2 章,即机载火控雷达原理和机载光电系统原理;第二部分主要研究机载武器探测系统原理,包括第 3 章和第 4 章,即空-空导弹红外导引系统原理和空-空导弹雷达导引系统原理。这两部分内容为探测制导与控制技术专业必须具备的基础知识。因此,本书可以作为探测制导与控制技术专业本科生教材,也可以作为相关专业工作人员的参考书。

图书在版编目(CIP)数据

机载探测系统导论 / 符小卫主编. — 北京:电子工业出版社,2024.4

ISBN 978-7-121-47603-7

Ⅰ. ①机⋯ Ⅱ. ①符⋯ Ⅲ. ①飞机探测—机载设备—研究 Ⅳ. ①P407

中国国家版本馆 CIP 数据核字(2024)第 065386 号

责任编辑:孟　宇
文字编辑:张萌萌
印　　刷:三河市君旺印务有限公司
装　　订:三河市君旺印务有限公司
出版发行:电子工业出版社
　　　　　北京市海淀区万寿路 173 信箱　　邮编:100036
开　　本:787×1092　1/16　印张:11.25　　字数:252 千字
版　　次:2024 年 4 月第 1 版
印　　次:2024 年 4 月第 1 次印刷
定　　价:49.80 元

凡所购买电子工业出版社图书有缺损问题,请向购买书店调换。若书店售缺,请与本社发行部联系,联系及邮购电话:(010)88254888,88258888。

质量投诉请发邮件至 zlts@phei.com.cn,盗版侵权举报请发邮件至 dbqq@phei.com.cn。

本书咨询联系方式:mengyu@phei.com.cn。

前　　言

作战飞机机载探测系统主要包括机载雷达和机载光电系统。一方面，作战飞机主要依靠机载雷达发现目标，现代化机载雷达能全天候使用，不仅探测距离远，而且具备多目标发现、识别、跟踪和攻击的能力。但由于机载雷达采用有源探测方式，工作时需要主动发射电磁波，所以易被敌方发现和干扰。特别是随着现代科技的不断发展，飞机隐身技术和电子对抗技术不断进步，使得机载雷达的探测距离急剧缩短，本身隐蔽性差、抗干扰能力弱的缺点也越来越明显。同时，随着科技的进步，为了对抗机载雷达而发展的新武器和新战术也层出不穷，例如对机载雷达实施压制或欺骗的电子干扰，可对机载雷达进行直接攻击的反辐射导弹等。因此，要研制一种新型的探测设备，以便在正常情况下辅助机载雷达工作；另一方面，作为光电系统的机载红外搜索跟踪系统，利用目标与背景之间的温差形成热点或图像来探测、跟踪目标，它是机载火控系统的一个重要组成部分。机载红外搜索跟踪系统本身既能独立对目标进行探测和跟踪，为机载火控系统提供精确的目标方位，也可与机载雷达互相随动执行对目标的探测和跟踪。机载红外搜索跟踪系统适用于空域监视、威胁判断、抗电子干扰、对空导弹探测、自动搜索和跟踪目标等作战任务，与其他机载电子设备配合使用可大大提高飞机在全波段、全天候、多方位、大纵深环境下的作战生存能力。

本书在这样的背景及需求之下，从作战使用、作战系统工程角度介绍作战飞机机载探测系统及机载武器探测系统在机载火控系统里充当的角色及其主要工作原理，特别是与具体作战任务相结合，介绍这些探测系统的工作过程、工作状态及其变换等。在此基础上，结合最新科研成果，从敌我空战对抗角度介绍作战过程中进攻方如何将飞机机载探测系统、机载武器探测系统和作战飞机飞行/攻击决策过程相结合来提高任务效能，以及与之对应的防御方如何利用进攻方探测系统的固有弱点，设计合理的战术机动模型及其决策方法，以提升对抗效果。

本书共分为4章。第1章介绍机载火控雷达原理；第2章介绍机载光电系统原理；第3章介绍空-空导弹红外导引系统原理；第4章介绍空-空导弹雷达导引系统原理。

由于作者水平有限，书中的错误和不足之处在所难免，欢迎读者批评指正。

目　录

第1章　机载火控雷达原理

盲人通过手杖不断轻叩人行道就可以沿着繁忙的街道行走，同时与右侧的建筑物墙体和左侧的路边、疾驰而过的车辆保持适当的距离。与此类似，蝙蝠发出超声波，利用这些声波巧妙地避开障碍物，并精确地追踪那些夜行性小昆虫群落。同样地，驾驶超音速战斗机的飞行员也能通过先进的雷达和导航系统精准地探测和接近那些隐藏在云层中、远在数百千米外的潜在敌机。他们是如何做到的呢？这其中蕴含的科学原理令人着迷。

有源"机相扫"机载火控雷达如图 1-1 所示。超音速战斗机的机头流线型前端装备了一部雷达，使飞行员能够跟踪远在上百千米以外的目标。这一令人惊叹的能力背后的原理其实相当简单，即利用发射的声波或无线电波的回波来探测物体的存在以及与物体的距离。在这些现象中，盲人和蝙蝠利用的是声波回波，而战斗机雷达则利用的是无线电波回波。

图 1-1　有源"机相扫"机载火控雷达

机载火控雷达作为各类型作战飞机获取战场态势、引导攻击和保障飞行安全的重要机载传感器，在作战过程中发挥着至关重要的作用。

1.1　发展历史与工作状态

1.1.1　发展历史

从蝙蝠的生存技能来理解雷达，无疑是一个很有意思的途径。不过把雷达的发明说成仿生学的结果，却是一种牵强附会。如果时间倒退回 20 世纪 30 年代，英国的雷达先驱者们听到这种说法也一定会笑着解释说："不，不，是轰炸机让我们发明了雷达，而不是蝙蝠。"

第二次世界大战开始不久，为尽快征服英国，德国元首希特勒亲自拟订了名为"海狮"的行动计划。在这个计划中，德国轰炸机充当"先锋官"。为了发现入侵的轰炸机，最初只能依赖光学（如探照灯）或声学（如声呐）的探测手段。然而，这些手段在提供预警方面的反应时间太短，无法满足防空需求。为了缓解巨大的防空压力，英国人可谓绞尽脑汁。

1935 年，英国科学家罗伯特·沃特森·瓦特爵士带领团队成功研制出的"本土链"雷达，如图 1-2 所示。其特点为多座高塔设计，包括平行放置的发射天线和独立的接收天线。1935 年 7 月，该雷达成功探测到海上的飞机。随后，英国空军于 1936 年 5 月开始大规模部署这种雷达。直到 1937 年 8 月，已有 3 个"本土链"雷达完成部署，能够探测到 160km 以外的飞机。1939 年年初，雷达数量增至 20 个，构成横跨英国南北的无线电波防线，显著增强了英国的防空力量。

图 1-2 "本土链"雷达

在"不列颠之战"中，"本土链"雷达系统多次成功探测到德军的空袭，为英方拦截机提供了至关重要的引导信息。雷达的卓越表现使其在战争中崭露头角，进而催生了将其集成至作战飞机的设想。在实际空战中，尽管晴朗白天的条件下飞行员能够相对容易地辨识敌机，但在恶劣天气或夜间，目标的探测变得极为困难。因此，空中截击雷达（Air Interception Radar，AIR）的概念应运而生，旨在通过装备雷达帮助飞行员在复杂天气条件下实现空中拦截。然而，当时的技术水平为空中截击雷达的开发带来了巨大挑战。除了"本土链"雷达庞大的天线系统，发射机所需的高额耗电量也成为亟待解决的难题。工程师们面临着在有限的技术条件下，如何优化雷达性能与能耗之间的平衡，以满足作战飞机作战需求的艰巨任务。

博物馆馆藏的"本土链"雷达如图 1-3 所示。如何才能在保持雷达体积小巧的同时，实现其探测距离的最大化呢？

图 1-3　博物馆馆藏的"本土链"雷达

当时的器件水平限制了雷达只能在较低的频率上工作，例如"本土链"雷达的工作频率仅为 11.5MHz，对应波长为 26m。由于发射机的尺寸与波长成正比，因此在低频率下，雷达硬件往往又大又重。此外，当天线尺寸固定时，雷达波长越长，天线主瓣波束宽度越宽，增益越小。通常期望波束宽度窄、天线增益高，以实现更好的角度分辨率和更远的探测距离。然而，在雷达波长选定后，为了获得尽量窄的波束宽度和尽量高的天线增益，需要将天线尺寸做大，这与飞机上有限的空间存在矛盾。

若要增大天线尺寸，飞机上的空间不允许；若要提高电波频率和发射功率，器件水平又不允许。由于早期电子技术的限制，无法直接在高频下产生电流振荡。因此，要提高雷达的工作频率，只能采取逐级提升的方式，这无疑会导致设备数量、质量和体积的增加。因此，早期的机载火控雷达发展面临严重的困难。

1940 年，磁控管的发明具有里程碑式的意义，它使得雷达的工作频率首次从米波提升至分米波，并实现了高达 1kW 的功率输出。同时，这一发明还解决了雷达工作频率提高后的功率放大难题。在这一阶段，另外两个重要元件——电子收发开关和接收机保护装置的发明，进一步推动了雷达技术的发展。这两个元件的发明使得雷达能够将接收和发射功能集成在同一天线上，从而不需要使用两个独立的天线。

随后，雷达天线形式经历了显著的发展，由初期的钉子状单个或多个天线振子，发展到鱼骨状的八木天线阵列（见图 1-4），最终演变为锅状的抛物面天线（见图 1-5）。抛物面天线的波束宽度要比八木天线窄很多，其天线增益是八木天线的 10 倍以上。

磁控管的发明、收发天线的共用以及天线形式的演变，使雷达逐渐变得更适合在飞机上安装，到 20 世纪 40 年代中期，雷达已经具备了机载应用的条件。

拥有锅状抛物面天线的 AN/APQ-13 对地扫描雷达，在第二次世界大战后期被安装在 B-29 轰炸机上，以提高高空投弹的精度和增强导航能力。当时的机载火控雷达已经具备了测距和测角的功能。由于电磁波的传播速度是恒定的（即光速），雷达通过测量发射出去的脉冲往返时间来计算目标距离。然而，如果雷达发射的脉冲持续时间较长（即脉冲宽度较宽），当存在两个靠近且位于同一方位的目标时，由于脉冲宽度的覆盖，雷达可能无法区分这两个目标。为了提高雷达的距离分辨率，即能够在距离上准确区分这样的两个目标，人们希望脉冲宽度尽可能窄。但是，脉冲宽度的减小意味着每次发射的能量持续时间变短，从而减少了发射的能量总量。这可能导致雷达接收到的回波信号中蕴含的能量减少，不利于提高雷达的探测距离。如何在保持雷达探测距离的同时提高距离分辨率呢？答案是脉冲压缩技术。这是机载火控雷达发展史上的又一次重大技术突破。

图 1-4　鱼骨状的八木天线阵列

图 1-5　锅状的抛物面天线

雷达测角功能基于雷达波的直线传播特性和天线的方向性实现。其中，天线的方向性通过一个指标——波束宽度来衡量。发射波束宽度为 $\theta_{0.5}$ 的抛物面天线如图 1-6 所示。值得注意的是，波束宽度越窄，雷达的角度分辨率就越高，这意味着雷达可以更精确地分辨不同角度的目标。

20 世纪 60 年代诞生的平面阵列天线如图 1-7 所示，其天线增益相较于传统锅状抛物面天线提升了 1～2 个数量级，显著增强了机载火控雷达的探测能力。这种革新在确保雷达性能大幅提升的同时，并未带来体积和质量的明显增加，从而实现了高效能与便携性的完美结合。

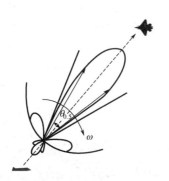

图 1-6　发射波束宽度为 $\theta_{0.5}$ 的抛物面天线　　图 1-7　20 世纪 60 年代诞生的平面阵列天线

平面阵列天线从外观上看，像是一块平板，与锅状抛物面天线的曲面形状不同。"波导缝隙"（或称"裂缝"）阵列天线是最常用的平面阵列天线。顾名思义，"波导缝隙"阵列天线就是将波导排列起来组成阵列，并在阵列上开出缝隙。波导作为电磁波从发射机传输到天线，以及从天线传输到接收机的通道，在其中以电流或电磁场形式传输的电磁波，会在缝隙处辐射出去并在空间中进行合成，以在某个方向上形成窄波束。

此时，机载火控雷达已具备探测海面上舰船和上空飞机的能力。但在探测己方飞机下方的目标时，电波不仅会击中目标飞机，还会反射到地面上，产生强烈的地面回波（即杂波）。这种地面回波的强度为飞机回波的数百万倍，从而淹没了目标回波，使雷达难以发现目标。那么，如何在强大的地面回波中区分并提取出微弱的目标回波呢？这一问题直到 20 世纪 70 年代初脉冲多普勒技术的成熟才得到解决。脉冲多普勒技术的应用使机载火控雷达真正具备了全空域工作能力，从而极大地扩展了其在陆地上空的工作范围和能力。

脉冲多普勒技术为雷达在脉冲工作模式下时，利用多普勒效应来区分目标回波和杂波。脉冲多普勒技术发明以后，雷达在探测目标时，除了考虑目标的回波强度，还会结合目标和地面的速度信息。这是因为两者相对于雷达有不同的速度，从而目标和地面相对于雷达有着不同的径向速度，进而产生不同的多普勒频率。

20 世纪 70 年代初，第一部实用型机载脉冲多普勒火控雷达 AWG-9 由美国休斯公司研制成功，并装备在美国海军的 F-14 战斗机雷达上，其采用平面阵列天线，如图 1-8 所示。

在普通平面阵列天线中，每个缝隙辐射出的电磁波相位在出厂时都是固定且不可调整的，从天线平面中心辐射出的具有一定形状的波束一定始终垂直于平板的方向。因此，如果想使天线波束能够覆盖全方位空域，传统方法只能让平板天线旋转起来。但如果平板天线中每个缝隙的相位都能调整和控制，那么从天线平面中心辐射出的波束不仅能够垂直于平板方向，而且能够指向其他方向。通过连续改变每两个相邻缝隙的相位差，波束的指向可以从垂直于平板中心向其他方向连续变化，这种效果实际上就是扫描，而不需要转动平板天线，即所谓的相控阵技术。这一技术被迅速地应用到雷达技术中，为雷达的发展开启了新的篇章。

早期的相控阵雷达，配备了一个工作在极高电压（高达上万伏）的发射机，以产生强大的功率。通过功率分配网络，这些功率被分配到各个天线单元中。每个天线单元的辐射功率是由集中式发射机分配的。需要注意的是，天线单元本身并不能自主地辐射功率，因此这种雷达称为无源相控阵雷达。米格-31机载无源相控阵雷达如图1-9所示。

图 1-8　F-14 战斗机雷达采用平面阵列天线　　　图 1-9　米格-31 机载无源相控阵雷达

集中式发射机由于工作在高压状态，很容易发生打火现象。因为发射机只有1个，一旦打火失效，整部雷达也就失效。为了解决这个问题，通常将整个发射机分散到各个天线单元后面，变成若干个小的发射机。每个小发射机只需要工作在很低的电压上。从天线发射的波束，其功率是所有小发射机输出功率的总和。这样，即使一个小发射机坏了，也不会影响其他发射机，对整个输出的功率也不会产生多大影响。由于这样的相控阵雷达其天线单元具备独立发射功率的能力，即天线单元是有源的，因此称为有源相控阵雷达。F-35配备的AN/APG-81有源相控阵雷达如图1-10所示。

图 1-10　F-35 配备的 AN/APG-81 有源相控阵雷达

有源相控阵技术容易实现雷达的多项功能，众多收发组件和天线单元可以分组使用，分别探测不同的方向，有的用来探测空中目标，有的用来对地成像。总之，机载火控雷达在过去的几十年里得到高速发展，是现代空军进行空战，取得制空权不可缺少的装备。

机载火控雷达在迅速迈向多功能化的同时，也在不断追求轻量化。以 20 世纪 70 年代研制成功的 AN/AWG-9 雷达为例，它采用机械旋转天线，直径为 0.91m，质量高达 612kg，是当时最大的机载火控雷达。然而，其工作模式不到 10 种，且可靠性只能维持数小时。到了 21 世纪初，F-22 战斗机上的 AN/APG-77 雷达则采用了有源相控阵技术，尽管天线直径仍为 1m，但其质量已大幅减轻至 200kg。更值得一提的是，该雷达的可靠性达到了 2000 小时，且具备 20 种以上的工作模式。

从技术角度看，机载火控雷达经历了由简单到复杂、由低级到高级的发展过程。机载火控雷达的技术发展从简单的脉冲体制逐步演进到复杂的脉冲多普勒体制，进而发展到相控阵体制。刚开始的机载火控雷达功能比较简单，仅完成空-空的搜索和跟踪。现代的机载火控雷达已具备空-空、空-地、空-海等多种功能。为了实现多功能并抑制强地面杂波干扰，现代机载火控雷达不再采用单一体制，而是综合了脉冲体制、单脉冲体制、脉冲多普勒体制、脉冲压缩体制和捷变频体制等多种体制。

21 世纪的机载火控雷达在不断完善自身探测性能的同时，还具备了通信、侦察和干扰等多种功能，并且逐渐与飞机上的其他航电系统实现了一体化。

1.1.2　工作状态

机载火控雷达具备空-空、空-地、空-海、导航等四大类共几十种子功能，其中空-地、空-海等功能被统称为空-面功能。它所能制导的武器包括各种导弹和精确制导炸弹，从而使作战飞机具备了远程、全天候、全方位和全高度的攻击能力。

1. 空-空模式

空-空模式是机载火控雷达的基本功能，主要针对各类空中目标，如战斗机、轰炸机、运输机和无人机等。一个完整的空-空模式通常包括搜索、截获和跟踪这 3 个阶段。

1）搜索模式

（1）边搜索边测距（Range While Search，RWS）模式。

RWS 模式如图 1-11 所示，是一种通用模式，主要用于对感兴趣的空域范围进行扫描搜索。其特点是能迅速探测到多个目标，并对外提供目标的距离信息。除了提供距离信息，RWS 模式还能给出目标粗略的方位角、俯仰角和速度等信息。在 RWS 模式下，飞行员可以干预控制搜索的扫描中心、方位范围、俯仰范围（高度范围）以及距离量程。

当搜索的目标高度高于本机时，习惯称为上视搜索，反之称为下视搜索；当重点搜索的是迎头目标时，又称前半球搜索，反之称为后半球搜索。雷达发射脉冲的速率称为脉冲重复频率（Pulse Repetition Frequency，PRF）。在 RWS 模式下，上视搜索通常采用低脉冲重复频率（LPRF），而下视搜索则使用中脉冲重复频率（MPRF）。对于迎头目标，由于其相对速度大，回波信号在无杂波区，因此采用高脉冲重复频率

（HPRF）。而对于尾随目标，由于目标相对速度较小，回波落在旁瓣杂波区，影响检测性能的主要是地面杂波，此时应当使用 MPRF。

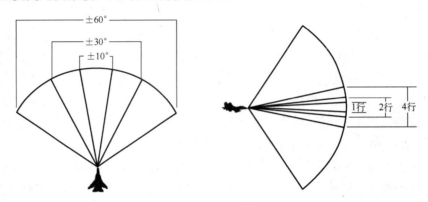

图 1-11　RWS 模式

机载火控雷达二线搜索如图 1-12 所示，方位搜索范围为 A。机载火控雷达二线搜索一帧所用时间如图 1-13 所示：扫描开始时，方位扫描角速度在 ΔA 的范围内由 0 增加到 ω_A，所用时间为 Δt_A。当第一线扫描即将结束时，方位扫描角速度在 ΔA 的范围内由 ω_A 减小到 0，同样用时 Δt_A。然后，俯仰方向上由第一线转换到第二线，所用时间为 $2\Delta t_E$。在转换过程中，角速度以 ω_E 的速率扫描 $2\Delta t_E$ 的范围，先从 0 增加到 ω_E，然后再减回到 0。之后开始第二线扫描，重复第一线的扫描过程。

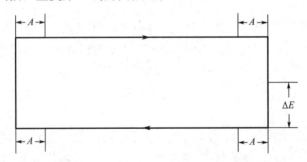

图 1-12　机载火控雷达二线搜索

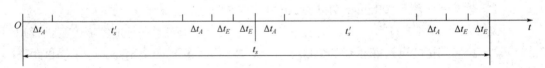

图 1-13　机载火控雷达二线搜索一帧所用时间

上述扫描过程可以定量描述为

$$\omega_A - \dot{\omega}_A \Delta t_A = 0$$
$$\omega_E - \dot{\omega}_E \Delta t_E = 0$$

角加速度可表示为

$$\dot{\omega}_A = \frac{\omega_A}{\Delta t_A}$$

$$\dot{\omega}_E = \frac{\omega_E}{\Delta t_E}$$

对于机械扫描雷达，在上述扫描过程中，假设二线搜索的空域范围为方位角 $\pm 40°$，并且有 $\omega_A = 100°/\text{s}$，$\Delta t_A = 0.05\text{s}$，$\Delta t_E = 0.05\text{s}$，$\Delta E = 2°$，试求扫描一帧所需要的时间。

$$\dot{\omega}_A = \frac{\omega_A}{\Delta t_A} = \frac{100}{0.05} = 2000(°/\text{s})$$

$$\Delta A = \omega_A \Delta t_A - \frac{1}{2}\dot{\omega}_A \Delta t_A^2 = 100 \times 0.05 - \frac{1}{2} \times 2000 \times 0.05^2 = 2.5°$$

搜索周期为

$$t_s = (2\Delta t_A + 2\Delta t_E + t_s') \times 2 = \left(2 \times 0.05 + 2 \times 0.05 + \frac{80 - 2.5 \times 2}{100}\right) \times 2 = 1.9\text{s}$$

假设机械扫描雷达以上述二线搜索参数工作，且对某个目标的最大探测距离为 60km。如果此目标以 1 倍音速在距离雷达 60km 外的垂直平面内从上往下运动穿过此搜索范围，在这个过程中，此目标能被探测到几次？

$$d = 60 \times \tan 2° \approx 2.095 = 2095\text{m};$$

$$t = 2 \times 2095 \div 340 \approx 12.3\text{s};$$

$$12.3 \div 1.9 \approx 6.47 \text{ 次}。$$

（2）边扫描边跟踪（Track While Scan，TWS）模式。

TWS 模式如图 1-14 所示，此模式是搜索模式与跟踪模式的综合，既可用于搜索目标又可用于跟踪目标，每次扫描都可以实现对目标的探测，但如果要自动判定已发现的目标是不是一个新目标，则还需要对扫描过程的目标数据进行相关处理，以实现对目标的跟踪。在 TWS 模式下，雷达能获得多目标的丰富信息，一般最多可以同时跟踪 8 个目标。但与其他工作模式相比，由于雷达在此模式下使用了复杂的信号处理算法，TWS 模式的扫描速度较慢，最大扫描区域相应也要小一些。

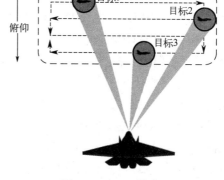

图 1-14　TWS 模式

一旦搜索过程中发现目标，TWS 模式会自动为多个目标建立跟踪航迹。系统会识别出其中最危险的目标，并将其标记为高优先级目标（HPT），同时还会对其他目标按照威胁等级进行排序。为了持续跟踪 HPT，系统会自动调整雷达天线的扫描范围，以大范围覆盖该目标。在这一过程中，虽然天线的扫描中心往往不能由飞行员完全手动控制，但飞行员仍然可以干预并改变危险目标的排序。

当雷达在跟踪过程中丢失对 HPT 的追踪时，系统会自动重新选定 HPT 或者由飞行员手动指定一个新的 HPT。如果飞行员指定的新 HPT 也发生丢失，则雷达将不再自动设定 HPT。此外，需要明确的是，TWS 模式下的"跟踪"功能主要侧重于持续更新目标航迹，并自动调整角度范围以覆盖危险目标。然而，这种"跟踪"模式下获得的目标数据，其精度通常较低，因此往往不足以作为武器发射的依据。

（3）速度搜索（Velocity Search，VS）模式。

机载火控雷达可以利用高、中、低 3 种 PRF 的波形。其中，HPRF 由于存在一段杂波清晰区，特别有利于检测高速迎头目标。因此，现代雷达大多设计了专门利用 HPRF 检测高速迎头目标的模式，称为 VS 模式。然而，这种 VS 模式与 RWS 模式不同，它的距离分辨率较低，只能提供目标的速度和方位信息，因此称为 VS 模式。

由于 VS 模式不具备精确测距的能力，它在应用上受到一些限制。尽管如此，VS 模式在远距离高速目标的前期检测中仍然非常有用，它可以作为"警示"系统，及时提醒飞行员目标的出现。然而，为了完成最终的武器攻击等任务，VS 模式必须与其他工作模式配合使用。

（4）空战格斗（Air Combat Maneuver，ACM）模式。

ACM 模式主要用于近距离空战格斗。为适应近距离交战这一特点，ACM 模式相对于 RWS 模式和 TWS 模式的主要区别有以下几点：ACM 模式的虚警率要求严格，一般高于常规搜索的数倍以上，不太强调远距离；ACM 模式要求对一定距离上的目标自动截获，且截获速度较快；ACM 模式对扫描图形甚至扫描速度有严格的限制；ACM 模式在近距离空战格斗时，由于其载机和目标机的相对机动性能大幅度提高，这要求雷达在保证一定数据精度的要求下仍然保持稳定跟踪。

在 ACM 模式中，雷达自动截获并跟踪在指定空域探测到的第一个目标，一旦锁定目标，系统自动进入单目标跟踪模式。若飞行员放弃锁定的目标，则雷达返回到"锁定点"前的扫描模式，继续搜索新的目标。

按照扫描范围的不同，ACM 模式通常分为以下 4 种：平显搜索。雷达搜索并自动截获平显视场内首次探测到的目标；垂直搜索。雷达在垂直方向上进行大幅度的扫描，而在左右方向上的扫描较为狭窄；定轴搜索。雷达搜索并截获波束中与天线视线夹角最小的目标，此时天线不会进行扫描，波束指向保持固定；头盔扫描。这是一种与飞行员头盔联动的扫描方式。雷达天线随动于头盔指示，自动截获波束中与天线视线夹角最小的目标。若头盔指示角大于雷达天线的转动框架角，天线将停在极限位置。此外，此方式下可以通过人工来干预雷达的自动截获进程，即飞行员通过按下"方式选择"开关并保持，来暂时终止雷达的自动截获功能，释放开关后，雷达将重新开始截获目标。

2）跟踪模式

跟踪模式发挥作用的前提是机载火控雷达在搜索阶段发现目标，并成功进行目标的截获。跟踪模式的子模式划分一般与雷达能同时跟踪目标的个数有关。

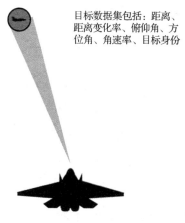

目标数据集包括：距离、距离变化率、俯仰角、方位角、角速率、目标身份

（1）单目标跟踪（Single Target Track，STT）模式。

STT 模式如图 1-15 所示，是机载火控雷达空-空模式一种常用的工作状态。在此模式下，一方面，雷达自动控制天线，从而保持对空中目标的持续或基本持续的定点照射；另一方面，雷达向武器系统提供精确的目标数据集，这些数据较为准确地反映作战目标在空中的相对或绝对坐标，以及目标相对于本机的有关运动趋势信息。

图 1-15　STT 模式

（2）双目标跟踪（Dual Target Track，DTT）模式。

DTT 模式的出现为飞行员同时攻击两个目标提供了可能。在此模式下，雷达能同时跟踪两个空中目标，一般情况下，天线的运动模式为"点到点"。实际上 DTT 模式可以视为两个 STT 模式的组合，通过对雷达资源的时分复用（不同时段传输不同信号），实现了对两个目标的同时跟踪。

（3）多目标跟踪（Multiple Target Track，MTT）模式。

随着现代雷达技术的飞速发展，特别是高速处理技术和相控阵技术的引入，机载火控雷达的设计人员已不再满足于仅仅同时跟踪两个目标。因此，MTT 模式的雷达应运而生，为飞行员同时攻击两个以上的目标提供了可能，进而有助于飞行员全面掌握空中态势并随时切换攻击对象。

（4）跟踪加搜索（Track And Search，TAS）模式。

TAS 模式如图 1-16 所示。在此模式下，雷达在跟踪一个或数个目标时还能保持对特定空域的搜索，它是跟踪功能与搜索功能的结合，显然在作战中有很大的优越性，但其对雷达自动处理的能力要求极高，一般多见于新开发的相控阵雷达。

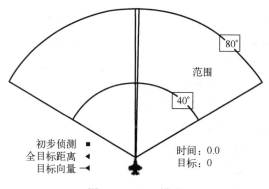

图 1-16　TAS 模式

2. 空-地模式

1）成像模式

（1）真实波束地图（Real Beam Mapping，RBM）模式。

RBM 模式如图 1-17 所示。在此模式下，直接利用雷达接收到的回波强度数据绘制地面的无线电对比图，方位分辨率接近于实际的雷达波束宽度。RBM 模式是最简单、最原始的识别地面目标和地形地貌的雷达手段。

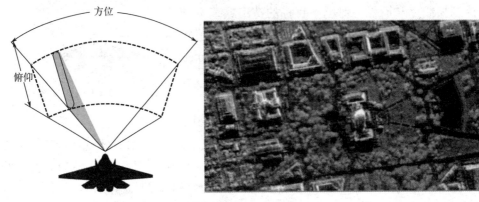

图 1-17　RBM 模式

（2）多普勒波束锐化（Doppler Beam Sharpening，DBS）模式。

根据波束内不同角度地块产生不同的多普勒频率的基本原理，将真实波束的角度进一步细分（即所谓锐化），从而可以获得更高分辨率的地图，用来确认地面导航标志和分辨地面目标，将其作为一种辅助导航及对地精确攻击的重要手段。DBS 模式的主要衡量指标为"锐化比"。

（3）合成孔径雷达（Synthetic Aperture Radar，SAR）模式。

机载火控雷达在运动时，天线沿一条直线依次在若干个位置平移，并且在每个位置发射一个信号，然后接收并储存每个位置相应回波信号的幅度和相位。这些储存的信号和实际线性阵列天线的每个单元所接收到的信号非常相似。因此，对储存的信号采用与实际线性阵列天线相同的处理，就能获得大孔径天线的效果。这种技术称为合成孔径技术。

SAR 模式如图 1-18 所示。在此模式下，利用载机的平台运动，通过先进的信号处理技术来合成等效长的天线孔径，从而得到更高分辨率的地图。现代先进机载火控雷达已能做到分米级甚至厘米级的分辨率。

SAR 模式主要用于提高雷达地图的分辨率，它结合宽带信号和脉冲压缩技术，不仅提高了雷达的距离分辨率，同时也通过合成孔径技术显著改善了雷达的方位分辨率。

雷达的方位分辨率和天线波束宽度有关，因此，若要获得高的方位分辨率就必须加大天线的孔径（方位向的尺寸），但对于机载火控雷达而言，天线尺寸是有限的。SAR 的基本原理是采用信号处理的方法产生一个等效的大孔径天线，从而获得高的方位分辨率。

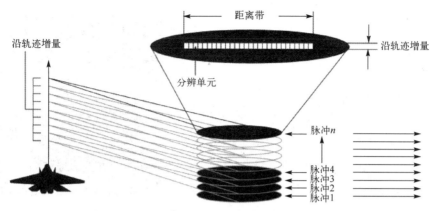

图 1-18　SAR 模式

SAR 模式与 DBS 模式的工作原理相通，但又有其不同之处：SAR 模式工作于侧视或正侧视，而 DBS 模式工作于前视或斜前视；DBS 模式的雷达天线工作在扫描状态，而 SAR 模式的雷达天线的角度虽然可以改变，但一般不工作在扫描状态。通常情况下，DBS 模式的方位分辨率低于 SAR 模式的方位分辨率。

2）检测跟踪模式

（1）空-地测斜距（Air-to-Ground Ranging，AGR）模式。

AGR 模式如图 1-19 所示。在此模式下，飞行员可以控制雷达波束指向地面的特定区域，并自动测出载机到该区域的斜距，以提供攻击地面目标所需要的数据。

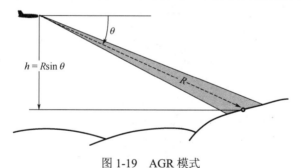

图 1-19　AGR 模式

（2）固定目标跟踪（Fixed Target Track，FTT）模式。

FTT 模式如图 1-20 所示。在 FTT 模式下，飞行员可以使用游标在 RBM 模式或 DBS 模式生成的地图上手动选择已知位置的固定目标进行跟踪。一旦开始跟踪，游标将固定在被跟踪的目标上，不可再移动。目标应位于游标十字叉的中心。如果目标在跟踪过程中发生移动，或者在背景中变得不再明显和可识别，雷达系统将自动放弃对该目标的跟踪。此时，如果开启了"冻结"状态，雷达发射机将停止发射，目标的位置将保持不变。同时，系统会进行载机的运动补偿，以维持目标位置的准确性。当从"冻结"状态退出时，雷达将返回搜索模式，继续搜索新的目标或重新跟踪已放弃的目标。

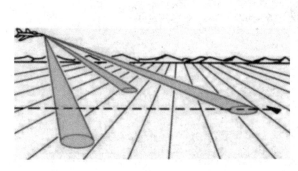
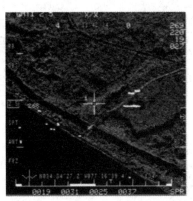

图 1-20　FTT 模式

（3）地面运动目标指示跟踪模式。

在地面运动目标指示跟踪模式下，雷达检测地面上有一定运动速度的目标。此模式主要用来指示各类交通运输工具，当对目标进行截获操作后，随即转入对目标的跟踪。

（4）成像叠加动目标模式。

成像叠加动目标模式如图 1-21 所示，是一种在成像画面上叠加显示地面运动指示符号的工作模式。其中，最典型的工作模式为合成孔径模式，它可以在 SAR 地图背景上叠加显示地面动目标。X、Y、Z 表示坐标系，V 为载机的速度，H 为载机的飞行高度，R_0 为载机和目标的水平距离，θ 为载机的方位角。

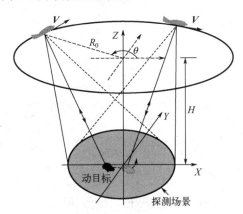

图 1-21　成像叠加动目标模式

3. 空-海模式

对机载火控雷达而言，空-海模式基本类似于部分空-地模式，只是其检测的背景特指海面。

（1）海 I 方式（SEA I）。

在海浪低于 0.91m 时（3 级以下海情），雷达工作在海 I 方式，用来检测海面上的运动目标，类似空-地模式中的 RBM 模式。

（2）海 II 方式（SEA II）。

在海浪大于 3 级海情时，为检测海上有一定运动速度的目标，雷达工作在海 II 方式，系统大都采用脉冲多普勒技术，类似于 DBS 模式。

4．导航模式

（1）信标模式。

机载火控雷达在信标模式下工作时，会发射特定频率的询问信号与地面信标台建立联系。地面信标台收到询问信号后，会自动发射另一特定频率的信号。雷达收到信标台的回波信号后，经过解码将信标台的方位和距离以 PPI 格式显示，为飞行员提供必要的飞行数据和引导。

（2）载机测速模式。

在载机测速模式下，雷达天线在俯仰上进行扫描，利用多普勒法测量载机的对地速度，如图 1-22 所示。这一模式通常在载机速度出现异常时使用。

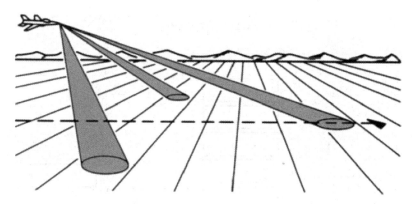

图 1-22　利用多普勒法测量载机的对地速度

（3）地形跟随模式。

地形跟随是指载机沿地表纵向曲线（即地形纵向轮廓线）的航线飞行。雷达通过天线的俯仰扫描进行空-地测距，从而描绘出地球的剖面轮廓图。地形跟随模式如图 1-23 所示。通常，地形跟随会与自动驾驶仪相结合，为飞行员提供地形信息，帮助他们做出"绕过"或"通过"的飞行决策。

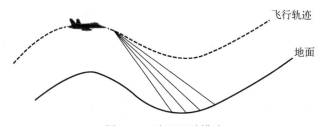

图 1-23　地形跟随模式

（4）地形回避模式。

地形回避模式如图 1-24 所示，是一种利用地形作为掩护，通过贴近地面飞行来规避敌方威胁的模式。通常在低空作战和低空突防时使用，飞行员根据地面标志，充分利用地形条件掩护自己，避开敌方防空火力网的攻击，从而突然接近敌方军事目标，实施有效的对敌攻击。

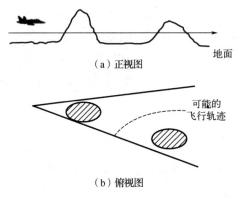

（a）正视图

（b）俯视图

图 1-24　地形回避模式

综上所述，机载火控雷达工作状态划分如图 1-25 所示。

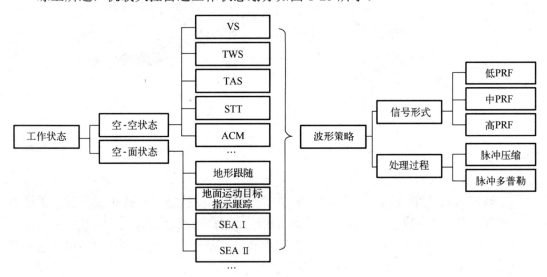

图 1-25　机载火控雷达工作状态划分

1.1.3　空战使用过程

基于国外新一代战斗机的技术特点，未来的空-空作战模式可能将主要演变为超视距空战，特别是依赖隐身技术的超视距空战。在超视距空战中，关键是如何在不被敌方侦测和干扰的情况下获取目标信息。因此，机载火控雷达的开机时机[开启（辐射）时刻和开启地点]显得尤为重要。所谓超视距空战，是指敌我双方战斗机在目视范围之外，通过机载探测设备（主要是雷达）搜索、发现和截获敌方空中目标，并使用中远程导弹进行攻击的一种空战模式。超视距空战的总体作战原则是要尽量做到"先敌发现，先敌攻击"，从而掌握战场的主动权。为了支撑这一作战原则，机载火控雷达的使用策略必须做到以下几个方面：首先，为保证"先敌发现"，应尽早探测并获取敌方全面且准确的目标信息；其次，为保证攻击的突然性和隐蔽性，应尽可能延迟雷达的开启，并减少己方位置和意图的暴露。

基于机载火控雷达的使用策略，超视距空战对机载火控雷达使用的具体要求可归纳为以下 4 点。

（1）不可过早开启雷达，以防被敌方探测，特别是在己方武器性能（主要是导弹的最大射程）弱于敌方的情况下。

（2）不可过晚开启雷达，以免错失战机，陷入被动，这不符合"先敌发现"的超视距空战原则。

（3）雷达不能长时间开机，但一旦开启就应快速稳定地探测并截获目标，同时迅速形成导弹的发射条件。

（4）在雷达开启时，应确保己方能够迅速形成攻击条件，同时防止敌方获得发射机会，保证己方在攻防中保持主动，进退有据。

机载火控雷达的各种工作模式有其各自的适用情况，在整个作战过程中，工作模式的切换和作战任务紧密相关。

典型空-空任务剖面如图 1-26 所示。飞机从机场或航空母舰起飞后，迅速爬升并接近作战区域，然后在安全空域内进行高空巡航。到达指定地域边缘时，飞机下降至渗透高度，实施低空突防。在接近目标时，飞机上升至合适的高度，以便搜索和跟踪目标，并逐渐形成相对目标的最佳攻击角度。一旦目标进入攻击范围，飞机将投放武器实施攻击，并随后评估攻击效果。完成任务后，飞机采用与之前相反的飞行状态顺序，先低空飞行躲避敌方雷达，到达安全空域后爬升至巡航高度，最终返回机场或航空母舰着陆。

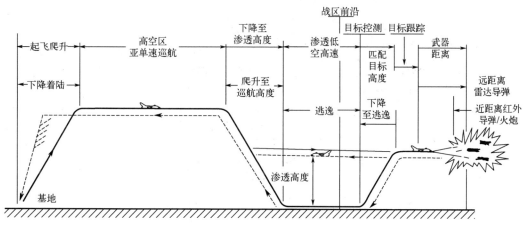

图 1-26　典型空-空任务剖面

在简单空战的背景下，为说明工作模式切换的决策过程，需要进行模型的简化，假设目标飞机的威胁程度仅与距离有关。当目标飞机从远处迎头飞来时，机载火控雷达会按照以下工作模式进行操作。

（1）在发现目标之前，雷达默认采用 VS 模式，并利用 HPRF 信号，因为这种模式更有利于探测远距离的迎头目标。然而，需要注意的是，使用 HPRF 信号无法直接测得目标的距离信息。

（2）雷达首次发现目标后，会转入小区域进行搜索和截获。若在此小区域内未能成功截获目标，雷达将恢复原来的速度继续搜索；反之，雷达将切换到 RWS 模式。在 RWS 模式下，对于上视目标，雷达采用 LPRF 信号以达到更远的探测距离，同时避免地海杂波的干扰；而对于下视目标，雷达则采用 HPRF 信号与 MPRF 信号隔行交替扫描的方式，以在有效抑制杂波的同时提供全向探测能力。

（3）当目标接近到一定距离时，意味着目标威胁程度增加，但尚未构成严重威胁，此时雷达需保持对目标的关注，并在更广的空域内继续搜索其他目标。因此，雷达切换到 TWS 模式，采用多重 MPRF 信号，并在其中交替使用 HPRF 信号以提高测速精度。

（4）随着目标的进一步接近，威胁程度明显增加，雷达需要获取更高数据率的目标信息以便持续跟踪。此时，雷达将切换为 TAS 模式，其信号形式与 TWS 模式相同。

（5）当敌机到更近的距离时，则进入格斗状态。在此状态下，雷达将锁定并截获到第一个目标，并进入 STT 模式。

某型飞机机载火控雷达空-空工作模式切换规则如图 1-27 所示，空-空工作模式切换流程如图 1-28 所示。

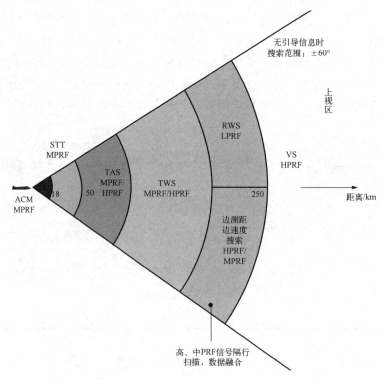

图 1-27　某型飞机机载火控雷达空-空工作模式切换规则

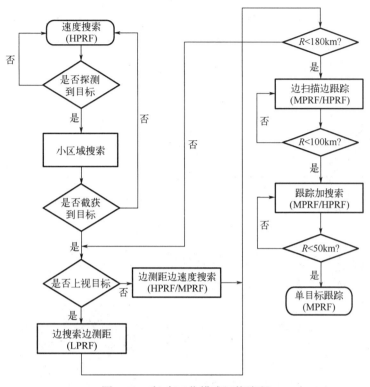

图 1-28　空-空工作模式切换流程

1.2　基本概念与基本组成

1.2.1　基本概念

1. 雷达探测过程

雷达利用无线电技术探测和定位飞机。它通过发射电磁能量并检测由反射体（目标）反射的回波信号来工作。这些回波信号的特性提供了有关目标的信息。通过测量发射的电磁能量传播到目标并返回的时间，雷达可精确地计算出目标的距离。而目标的方位则可通过具有窄波束的方向性天线来测量回波信号的到达角来确定。对于运动的目标，雷达利用多普勒效应来探测其运动速度，进而推导出目标的轨迹或航迹，并预测其未来的位置。雷达在距离、角度或两者结合上都具有分辨率。为了避免发射信号对接收造成干扰，雷达通常以脉冲形式发射无线电波，并在发射脉冲之间的时间窗口内接收回波。由于天线能够将能量集中在一个窄波束中，这使得雷达能够区分来自不同方位的目标，并实现对远距离目标的探测。

为了寻找目标，雷达波束会在目标可能出现的区域内进行系统的扫描。这种波束扫描的路径称为搜索扫描图，如图 1-29 所示。扫描所覆盖的区域称为扫描量或扫描帧。

雷达完成一帧扫描所需要的时间称为帧周期。飞行员可以控制扫描的条数、帧的宽度及位置。

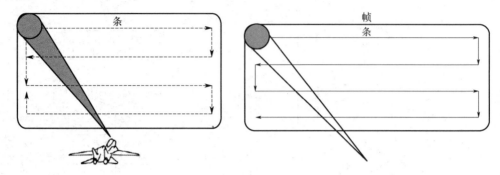

图 1-29　搜索扫描图

大多数机载火控雷达使用的无线电波本质上是沿直线传播的，因此，为了接收来自目标的回波，目标必须位于雷达的直线射程内，如图 1-30 所示。

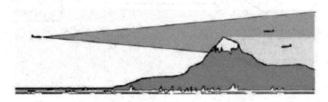

图 1-30　目标必须位于雷达的直线射程内

此外，要成功探测到某个物体，还要求物体的回波足够强，以超过接收机输出端的背景噪声水平，从而能够被区分和识别；或者，物体的回波必须高于同时接收到的来自地面的背景回波（地面杂波）。在某些情况下，地面杂波的强度可能会远远超过背景噪声。

目标回波的强度与目标距离雷达的 4 次方成反比，因此，当远方的目标接近时，其回波的强度将迅速增强，但只有当目标回波能够从背景噪声和（或）地面杂波中显现时，目标回波才能被检测到。目标回波和背景噪声的关系如图 1-31 所示。

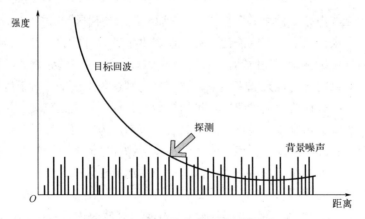

图 1-31　目标回波和背景噪声的关系

回波信号增强到足以被雷达检测到的距离取决于诸多因素，其中最重要的因素有以下 8 点。

（1）发射波的功率。

（2）时间比：t/T，其中 t 为在周期 T 中的发射时间。

（3）天线的尺寸。

（4）目标的反射特性。

（5）在每个扫描周期中，目标位于天线波束内的时间。

（6）目标出现在扫描中的次数。

（7）无线电波的波长。

（8）背景噪声与地面杂波的强度。

雷达接收的回波强度，类似于高速公路上远处卡车反射的闪烁且衰减的太阳光，会在雷达方向上或多或少地随机变化。由于回波信号这一特性以及背景噪声的随机性，雷达能够探测到的目标距离并不是固定不变的。然而，在特定距离上，目标被雷达探测到的概率（或目标到达某给定距离的时间）可以被相对准确地预测。实际上，雷达在探测目标时，并不是依赖单一回波来检测，而是依赖于多个回波脉冲的积累效果。

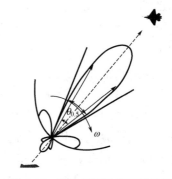

雷达天线波束扫描目标如图 1-32 所示。雷达天线波束宽度为 $\theta_{0.5}$，假设此波束以 ω 的速度扫描图中所示目标，如果雷达发射脉冲信号的重复周期是 T，那么雷达天线波束扫描此目标一次，向此目标发射的脉冲数为 $\theta_{0.5}/(\omega \times T)$。

通常将搜索状态下天线波束扫描目标，接收到一串目标回波脉冲的时间称为"目标驻留时间"，即表示在搜索状态下单一目标回波的驻留时间。为了提高检测性能，

图 1-32　雷达天线波束扫描目标

雷达会采取积累的方法，即将多个回波脉冲相加。为什么积累能够改善雷达的检测性能？这是因为噪声是随机的、不相关的，而回波信号相对稳定，经过多次扫描积累后，噪声得到平均而回波信号得到增强，从而提高了雷达的检测性能。

积累分为两种类型：一种是在包络检波前进行积累，称为检波前积累或中频积累。在这种积累中，信号需要保持严格的相位关系，即信号是相参的，所以又称为相参积累；另一种是在包络检波后进行积累，称为检波后积累或视频积累。由于信号在检波后失去了相位信息而只保留了幅度信息，因此检波后积累不需要信号间保持严格的相位关系，也称为非相参积累。

当将 M 个等幅相参中频脉冲信号进行相参积累时，信噪比 S/N 提高为原来的 M 倍。

2. 测定目标位置

在众多应用中，仅仅知道目标的存在是不够的，还需要知道目标的位置，即目标的距离（范围）和方位（角度）。

1）测距

测距是通过测量无线电波从发射源到达目标后再从目标返回所经历的总时间来实现的。由于无线电波的传播速度在真空中是恒定的，即等于光速，所以目标的距离为无线电波往返传输时间的一半乘以光速。

$$目标距离 = \frac{1}{2} \times 往返时间 \times 光速$$

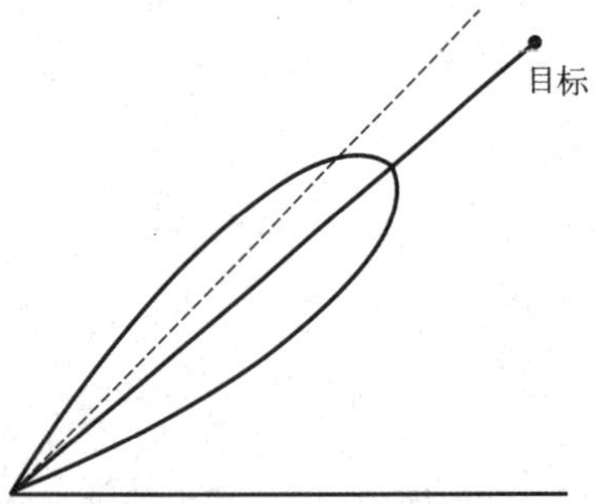

图 1-33　利用雷达测角

2）测角

利用雷达测角如图 1-33 所示，对机载火控雷达而言，测角的物理基础是无线电波的直线传播特性和雷达天线的方向性。

（1）无线电波的直线传播特性。

目前，雷达的工作频率范围广泛，从低频的几兆赫兹到高频的 3×10^8 MHz。在低频段，有一些特定的雷达应用，如用于测量电离层高度的探测器，以及利用电离层反射进行超视距观察并检测数千千米以外目标的雷达；在高频段，激光雷达在频谱的可见光区域内工作，为测量战场上单个目标的距离提供所需的角度分辨率。大多数雷达使用的频率位于从几百兆赫兹至 1×10^5 MHz 的范围内。为了便于处理如此大的频率数值，习惯上将它们用 GHz 来表示。此外，雷达的工作频率也经常利用波长来表示。波长等于光速除以频率。换算频率到波长的规则是：波长（单位：cm）等于 30 除以用 GHz 表示的频率。例如，10GHz 波的波长计算为 30/10 = 3cm。

通常使用的无线电波的波长范围从几毫米至几千米，根据波长或频率可以将无线电波分成几种波段。几种波段的无线电波如表 1-1 所示。机载火控雷达的工作波段处于微波波段，在这个波段中，无线电波以直线传播。

表 1-1　几种波段的无线电波

波段		波长	频率	传播方式	主要用途
长波		30000～3000m	10～100kHz	地波	超远程无线电通信和导航
中波		3000～200m	100～1500kHz	地波和天波	调幅（AM）无线电广播、电报、通信
中短波		200～50m	1500～6000kHz		
短波		50～10m	6～30MHz	天波	
微波	米波（VHF）	10～1m	30～300MHz	近似直线传播	调频（FM）无线电广播、电视、导航
	分米波（UHF）	1～0.1m	300～3000MHz	直线传播	电视、雷达、导航
	厘米波	10～1cm	3000～30000MHz		
	毫米波	10～1mm	30000～300000MHz		

（2）雷达天线的方向性。

天线在特定方向上集中辐射和接收电磁波的能力，称为天线的方向性。这一特性在机载火控雷达中尤为关键，因为它直接决定了雷达对目标的测角能力。

如图 1-34（a）所示，天线的方向性越强，其能量的辐射就越集中。这种集中性不仅提高了雷达的探测距离，还增强了其测角的精度，从而增强了雷达分辨目标角度位置的能力。为了量化描述天线的方向性，通常使用方向图和波瓣宽度作为表示方法。

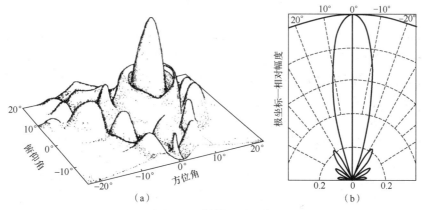

图 1-34　辐射能量分布

人们可能会简单地认为一副雷达天线能把所有辐射出去的能量都集中到一个窄波束中，且该波束内的功率是均匀分布的；还可能认为如果把一个锥形波束像探照灯一样指向空中的一个假想屏上，它会以均匀的强度照亮一个圆形区域。然而，虽然这是人们所希望的，但实际上天线能实现的效果要比探照灯的差。与所有天线一样，笔形（或锥形）波束天线在几乎所有方向上都会辐射一些能量，如图 1-34（b）所示，大部分能量集中在围绕天线中心轴或轴线的一个大致为锥形的区域内，这个区域称为主瓣。当通过主瓣的中心轴将图形切割成两部分时，主瓣的侧面会出现一系列较弱的瓣，这些称为旁瓣。

典型雷达天线方向图如图 1-35 所示。天线的增益是通过其方向图来确定的，方向图可以在极坐标或直角坐标中表示。增益表示的是有方向性天线相对于无方向性天线在某个特定方向上功率的增加倍数。这个倍数可能大于 1（主瓣方向），也可能小于 1（旁瓣方向）。从能量守恒的角度看，主瓣获得的功率增益是以牺牲旁瓣的功率增益得到的。有向天线的最大增益方向是其功率相对于各向同性天线增益的 G_t 倍。在主瓣范围内，如果某个方向距离主瓣的最大值方向越远，它的增益就越小，这就是所谓的"主瓣单调性"。也就是说，在主瓣范围内，随着与主瓣最大值方向的角度越大，增益会相应减小。例如，θ 方向的增益是最大值方向增益的 $F(\theta)$ 倍，其中，$F(\theta)$ 是天线方向图的函数。

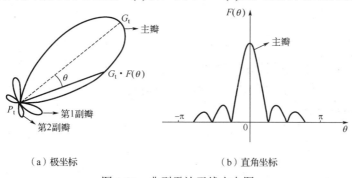

（a）极坐标　　　　　　（b）直角坐标

图 1-35　典型雷达天线方向图

P_t 为发射机功率；G_t 为最大增益；$G_t F(\theta)$ 为与最大增益方向夹角为 θ 的方向对应的增益。假设 $G = G_t F(\theta)$ 表示天线增益，则天线辐射到空间中的功率为 $P_t G$。

波束宽度 $\theta_{0.5}$ 如图 1-36 所示，其定义为主瓣功率下降到波束中央 1/2 功率处的宽度。如果用分贝来表示，这个功率下降点恰好对应于 –3dB。因此，波束宽度 $\theta_{0.5}$ 也称为 3dB 波束宽度 θ_{3dB}。波束宽度是描述天线方向性的一个重要参数。波束宽度越小，表示天线的方向性越好，在此方向上的增益 G_t 就越大。角位置的测量是利用天线的方向性来实现的。雷达天线将能量集中在窄波束内，当此波束对准目标时，接收到的回波信号最强。因此，通过确定接收回波信号最强时天线波束的指向，可以确定目标的方向。

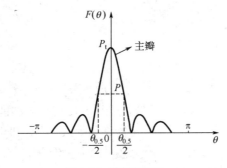

图 1-36 波束宽度 $\theta_{0.5}$

3）测速

在生活中，经常会遇到这种情况：当一辆疾驰的车驶来时，车辆产生的噪声非常刺耳，而当它远去时，噪声变得低沉很多，这种现象就是多普勒效应或多普勒频移。多普勒频移的例子如图 1-37 所示。

图 1-37　多普勒频移的例子

多普勒频移描述的是当目标与雷达之间存在相对运动时，雷达接收到的回波信号的载波频率与原始发射的载波频率之间的差异。这种频率偏移在物理学上称为多普勒频移。同样在雷达测距时，如果雷达和目标之间存在相对运动，那么雷达波也会产生多普勒频移。它的数值为

$$f_d = -\frac{2\dot{R}}{\lambda}$$

其中，f_d 为多普勒频移，$\dot{R}$ 为雷达和目标之间的距离变化率，λ 为发射雷达波的波长。因此，只要雷达能够检测回波信号的多普勒频移，就可以确定目标和雷达之间的相对速度。

1.2.2 基本组成

雷达的基本组成如图 1-38 所示。一部雷达由 5 部分组成：一部发射机、一部对发射频率调谐的接收机、两副天线和一台显示器。为了探测物体的存在，发射机产生无线电波并由两副天线中的一副天线来进行辐射，同时接收机接收无线电波的回波，回波用另一副天线检测。如果探测到一个目标，出现在显示器上的光点则指示该目标的位置。实际应用中的雷达如图 1-39 所示，发射机与接收机通常共用一副天线。

图 1-38 雷达的基本组成　　　　　图 1-39 实际应用中的雷达

1. 发射机

1）基本任务

雷达发射机的基本任务是产生大功率的射频调制信号。射频，通常是指发射到空中的高频电磁波，通过调制包含了有用的信息。调制方式包括振幅调制、频率调制和相位调制。

（1）振幅调制信号。

连续波信号如图 1-40 所示。其中，$S_t(t) = A\cos(2\pi f_0(t)+\varphi_0)$。

$S_t(t)$ 的下标 t 表示发射（transmit），参数 t 表示时间（time）；f_0 表示信号的频率，即单位周期内波的个数，其与信号周期的关系可表示为 $T = 1/f_0$；λ 表示波长，$\lambda = cT = c/f_0$；c 表示无线电波的传播速度；φ_0 表示初始相位。

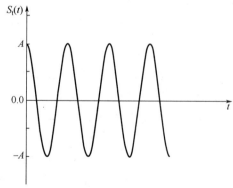

图 1-40 连续波信号

脉冲信号（见图 1-41）是脉冲雷达发射的无线电波的形状，具有载频、脉冲宽度和 PRF 这 3 个基本特征。

图 1-41 脉冲信号

脉冲信号的载频及其时间-频率关系如图 1-42 所示。载频并非恒定不变，为了满足特定系统或工作方式的需求，载频可以通过不同的方法进行调整。从一个脉冲到下一个脉冲，载频可以增加或减少。这种变化可以是随机的，也可以遵循某种特定的规律。甚至在某些情况下，载频可以在每个脉冲期间以特定的规律增加或减少。

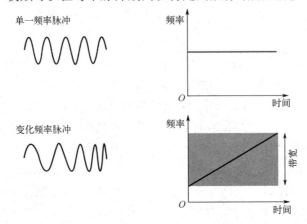

图 1-42 脉冲信号的载频及其时间-频率关系

脉冲宽度是指脉冲的持续时间，它可以是从几分之一微秒到几毫秒的范围。此外，脉冲宽度也可以用物理长度来表示，即脉冲在空间中传播时前后沿之间的距离。脉冲宽度 L 如图 1-43 所示。

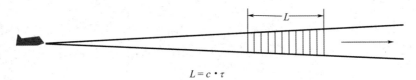

$$L = c \cdot \tau$$

图 1-43 脉冲宽度 L

脉冲宽度在雷达中扮演着至关重要的角色，特别是在没有进行脉冲内调制的情况下。此时，脉冲宽度直接决定了雷达分辨距离很近的目标的能力。简而言之，脉冲宽度越短，雷达的距离分辨率就越高。

距离分辨率如图 1-44 所示。对于采用非调制脉冲的雷达而言，要想在距离上将两个目标（例如目标 A 和目标 B）分辨开，必须确保在远目标的回波前沿到达较近目标之前，发射脉冲的后沿已通过近目标。为了满足这一条件，两个目标之间的间距必须大于脉冲宽度的一半。换句话说，如果使用两个宽度为 L 的非调制脉冲来分辨这两个目标，那么这两个目标的间距必须大于 $L/2$。

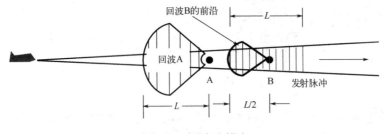

图 1-44 距离分辨率

（2）频率调制信号。

固定的载频如图 1-45 所示。

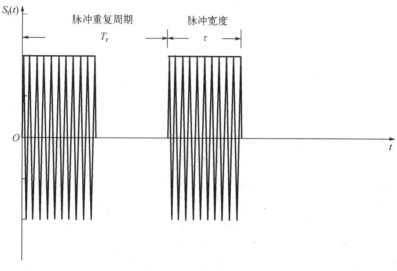

图 1-45　固定的载频

频率分集涉及发射不同载频的信号以探测同一目标，随后对回波信号进行处理；频率编码则是将脉冲宽度分为几个阶段，每个阶段的频率都有所不同；线性调频则是在信号脉冲宽度内，使频率随时间线性增加或减少。

线性调频信号如图 1-46 所示。其中，$S_t(t) = A\cos(2\pi f_0 t + \pi\mu t^2 + \varphi_0)$。

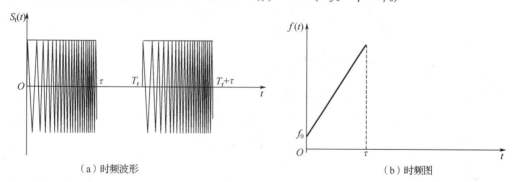

（a）时频波形　　　　　　　　　　　　　（b）时频图

图 1-46　线性调频信号

为了同时获得较大的探测距离和较高的距离分辨率，需要发射高峰值功率的脉冲。然而，实际上可用的峰值功率是有限制的。因此，在脉冲延迟法测距中，为了增加探测距离，通常需要发射较宽的脉冲。但这样做会降低雷达的距离分辨率。为了解决这个问题，可以采用脉冲压缩技术（见图 1-47）。具体来说，发射足够宽的线性调频脉冲，以确保在有限的峰值功率下提供足够的平均功率。随后，通过解码过程，"压缩"接收到的回波信号为窄脉冲，从而在保持较大探测距离的同时提高距离分辨率。

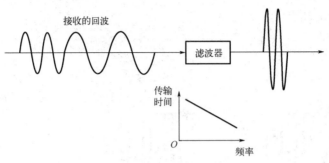

图 1-47　脉冲压缩技术

线性调频信号的特点是在脉冲发射期间频率线性递增。当这种信号的回波通过一个特殊滤波器时,滤波器会引入一个与频率成反比的时间滞后。这意味着回波的尾部通过滤波器所经过的时间较短,而前部则经过较长时间。因此,回波的不同部分会趋向于重叠,造成脉冲的幅度增大,宽度减小。考虑到线性调频脉冲由一系列频率递增的片段组成,在滤波器的作用下,后续的频率片段会"追赶"上先前的片段,并在时间轴上逐渐重叠,脉冲压缩示意图如图 1-48 所示。这种叠加后的回波会根据先到先检(见图 1-49)的方式被分开。脉冲压缩技术不仅可以显著提高雷达系统的距离分辨率,还能大幅度增强信号功率,从而有效提升目标检测能力。在实际应用中,雷达系统的脉冲压缩比通常很容易达到 100~300,这进一步证明了该技术的有效性。

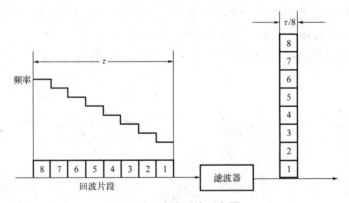

图 1-48　脉冲压缩示意图

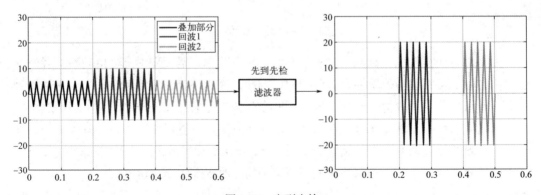

图 1-49　先到先检

频率捷变是一种有效的抗干扰手段，其特点在于每个发射脉冲的频率都不同。频率捷变信号如图 1-50 所示。雷达在发射信号时，每个脉冲的频率都是变化的。雷达接收机设计有特定的通带范围，只有落在这个范围内的信号才能被接收和处理。如果干扰机发射的干扰信号频率不在雷达接收机的通带范围内，那么这些干扰信号就无法被雷达接收，从而达到抗干扰的目的。因此，干扰机如果想要有效干扰雷达，首先需要准确测量雷达发射信号的频率。而频率捷变的方式正是通过不断变化发射信号的频率，增加了干扰机测量雷达发射信号频率的难度。

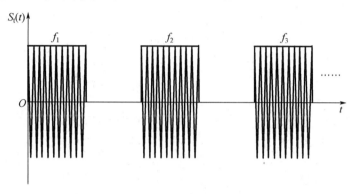

图 1-50　频率捷变信号

（3）相位调制信号。

随机相位表示每个脉冲前沿时刻的相位是随机变化的。相位相参表示脉冲之间具有固定的相位关系。相位相参信号如图 1-51 所示。

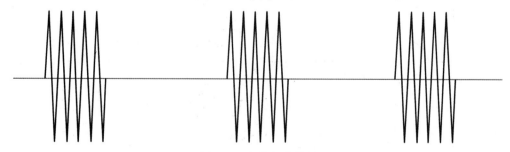

图 1-51　相位相参信号

相位编码是一种脉冲压缩体制雷达中使用的信号形式。相位编码信号如图 1-52 所示。在这种编码中，一个脉冲宽度被分成几个子段，每个子段的初始相位都各不相同。与线性调频信号类似，相位编码信号也是为了解决距离分辨率和发射信号功率之间的矛盾而设计的。通过精确控制每个子段的相位，相位编码信号能够在保持较高发射功率的同时，实现对目标距离的高分辨率测量。

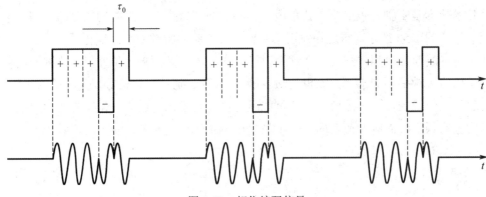

图 1-52 相位编码信号

2）分类与组成

（1）单极振荡式发射机。

单极振荡式发射机如图 1-53 所示。单极振荡式发射机主要由预调器、调制器和振荡器等部分组成。在机载火控雷达中，常用的振荡器是多腔磁控管。

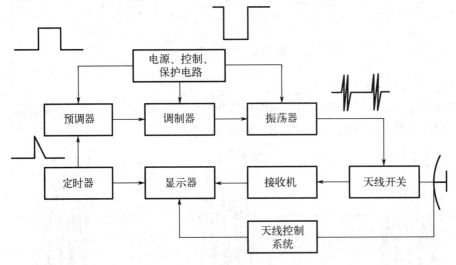

图 1-53 单极振荡式发射机

多腔磁控管能够产生大功率的高频振荡，这种振荡受调制脉冲控制，因而其输出是矩形脉冲调制的高频振荡。由于只有一级射频振荡器，所以常称其为单极振荡式发射机。单极振荡式发射机各级波形如图 1-54 所示，图中 τ 为脉冲宽度，T_r 为脉冲重复周期。在单极振荡式发射机中，定时器先确定脉冲重复周期 T_r，而预调器产生有一定脉冲宽度 τ 的信号。随后，脉冲调制器把这些信号调制成比较规则的形状。最后，振荡器发出频率确定但初始相位随机的射频信号。

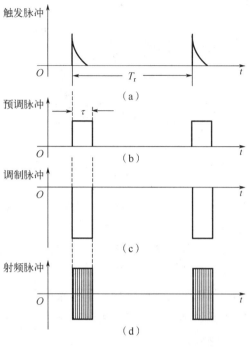

图 1-54　单极振荡式发射机各级波形

　　磁控管是一种特殊的真空二极管，同时也是一个完整的振荡器。磁控管如图 1-55 所示，只要为其提供适当的电源电压及灯丝电压，磁控管就可以产生所需的高功率微波振荡。因此，磁控管又称为磁控管振荡器。它主要由阴极、阳极、磁路和调谐装置等部件构成。磁控管的剖面图如图 1-56 所示。

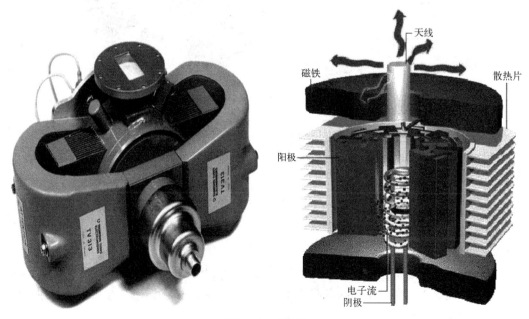

图 1-55　磁控管

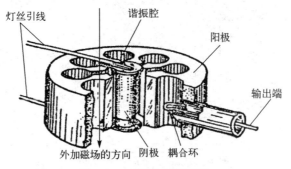

图 1-56　磁控管的剖面图

磁控管的构造主要包括以下几个部分：真空二极管，永久磁铁、阳极散热片、波导输出装置和灯丝接头。其中，金属阳极形成了密封的真空空间，内部安装阴极部分，阴极与阳极均为圆柱形，两者同轴安装即同轴磁控管。

当灯丝通电时，阴极被加热，从而发射电子。同时，安装在阴极外面的永磁体会产生一个强磁场，该磁场方向和电极的轴向正交。从阴极发出的电子一方面受到电场力的作用向阳极运动，另一方面又受到磁场力的作用向右偏转，在作用空间作摆线运动。磁控管中电子运动如图 1-57 所示。

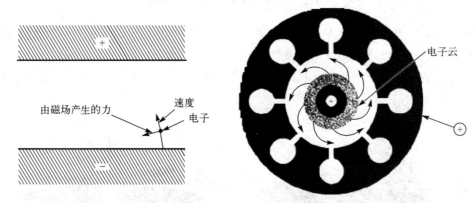

图 1-57　磁控管中电子运动

当电子飞近开口左侧时，开口左侧会感应出正电荷。随着电子继续飞越开口，这些正电荷被引导沿腔壁向右运动，形成电流。这个过程相当于电感向电容进行充电。

当电子继续向前运动时，原来开口的电荷性质会发生变化，形成电容通过电感的反向放电。电子的飞行和电荷性质的这种变化反复进行，从而在空腔中形成高频振荡。磁控管产生振荡的过程如图 1-58 所示。

电子通过谐振腔的开口产生的振荡电磁场（无线电波）类似于在瓶口吹气产生的声波。这两种现象中，所产生的振荡频率都对应于谐振腔的谐振频率。然而，值得注意的是，此时的振荡很弱，若不持续提供能量，振荡将停止。

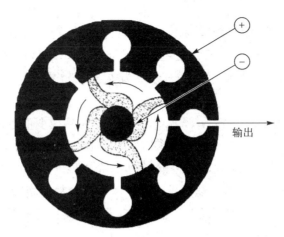

图 1-58　磁控管产生振荡的过程

（2）主振放大式发射机。

采用频率合成技术的主振放大式发射机如图 1-59 所示。在主振放大式发射机中，基准频率振荡器是发射机的微波源，输出频率为 F 的小功率连续波信号。一路信号被送到分频器，分频器将基准频率 F 分频，以确定脉冲重复频率 f_r，该频率随后被送入调制器以产生稳定的脉冲包络。同时，基准频率振荡器的另一路信号被送到倍频器，倍频器将基准频率信号放大 M 倍。

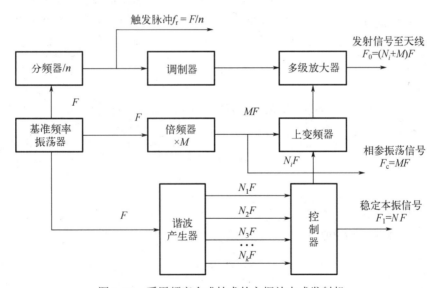

图 1-59　采用频率合成技术的主振放大式发射机

基准频率振荡器输出第 3 路信号到谐波产生器。谐波产生器输出的都是 F 的谐波分量，也就是 F 的倍频量，从 N_1 倍到 N_k 倍。谐波产生器产生的倍频量可以通过控制器操作，每次选中一路，即 N_i，然后将其送到上变频器。上变频器有两路输入，一路是 $N_i F$，另一路是 MF，上变频器的功能是将两路信号的频率相加，所以其输出信号频率为$(N_i+M)F$，即输出频率为$(N_i+M)F$的连续波信号。此连续波信号随后被送到多级放大器，其中另一路输入是调制器输出的脉冲串，将该脉冲串和连续波信号相乘。多级放大器输出射频脉冲信号，频率为$f_R = f_0 = (N_i+M)F$，并随后发射该射频信号。

发射时，控制器按顺序选择N_1、N_2、N_3，即发射频率捷变信号，这可以达到抗干扰的目的。同理，雷达的回波信号也是捷变信号，其频率为$(N_i+M)F$。接收机需要通过混频器将回波信号频率进行混频处理。混频时需要一个本振信号$f_L = N_iF$。这个本振信号是控制器的另一路输出。接收机的混频操作是将两个信号频率相减，输出得到中频信号MF。在混频过程中，雷达会根据发射的脉冲自动选择本振信号的频率，从而实现了全相参系统与频率捷变系统的结合。

这里涉及的脉冲重复频率f_r、射频信号频率f_R、本振信号频率f_L都是来自基准频率振荡器。只要基准频率振荡器输出的频率保持稳定，整个系统就处于全相参状态。知道其中一个频率，就能求出其他频率。

采用频率合成技术的主振放大式发射机能适用于频率捷变雷达，其优点是控制灵活、频率跳变速度快、抗干扰性能好。基准频率F经过谐波产生器，可以得到N_1F、N_2F、$\cdots$、N_kF 等不同的频率。在控制器的作用下，射频脉冲信号的频率可以在$(N_1+M)F$、$(N_2+M)F$、$\cdots$、$(N_k+M)F$之间实现快速跳变，与此同时，本振信号频率f_L相应地在N_1F、N_2F、$\cdots$、N_kF 之间同步跳变。两者之间保持固定的差频 MF（即接收机的中频频率），从而保证了回波信号的正确接收。

3）主要指标

（1）输出功率。

平均功率P_{av}表示T_r内的平均功率。峰值功率P_t表示τ内的平均功率。两者之间的关系可以表示为

$$P_{av} = P_t(\tau/T_r) = P_tD$$

其中，D为工作比。

（2）总效率。

总效率为发射机输出功率P_{av}与输入总功率之比，即

$$\eta = P_{av}/P_s$$

（3）信号形式。

雷达常用的信号形式如表 1-2 所示。雷达信号形式的不同对发射机的射频部分和调制器的要求也各不相同。3 种典型雷达信号和常用波形如图 1-60 所示。图 1-60（a）为简单脉冲调制信号。图 1-60（b）为脉冲压缩雷达中所用的线性调频信号。图 1-60（c）为相位编码脉冲压缩雷达中所用的相位编码信号，τ_0表示子脉冲的宽度。

表 1-2　雷达常用的信号形式

波形	调制类型	工作比
简单脉冲	矩形振幅调制	0.01%～1%
脉冲压缩	线性调频 脉内相位编码	1%～10%
高工作比多普勒	矩形振幅调制	30%～50%
调频连续波	线性调频 正弦调频 相位编码	100%
连续波	—	100%

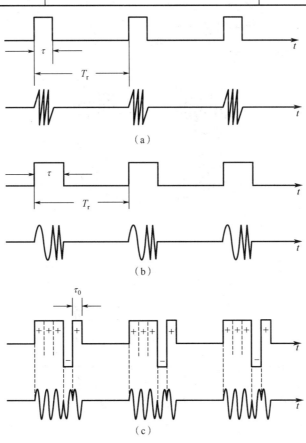

图 1-60　3 种典型雷达信号和常用波形

2. 接收机

1）接收机任务

通过适当的滤波技术，天线接收到的微弱高频信号能够从伴随的噪声和干扰中被有效选择出来。随后，这些信号经过放大和检波处理，并在此过程中抑制不必要的干扰。最终，处理后的信号被送至显示器或雷达终端设备中的信号处理器，由计算机进行控制和分析。

具体来说，接收机任务主要分为以下 3 点。

（1）选择信号并抑制干扰。这一功能是利用接收机中谐振回路的频率选择特性来完成的，从而确保从众多干扰中准确地选择出所需要的目标回波信号。

（2）放大信号。雷达天线接收到的目标回波信号是很微弱的，仅为几微伏或十几微伏，而终端设备要求的输入信号在几伏到几十伏以上。为满足这一要求，接收机中的各种放大器负责将这些微弱信号放大到所需数值。

（3）变换信号。雷达天线接收到的回波信号是脉冲调制的高频信号，如图 1-61 所示，而后续终端设备需要的是视频信号。因此，接收机首先通过变频器将高频信号变换为中频信号。混频之后的中频信号如图 1-62 所示，然后使用检波器提取中频信号的包络，从而得到视频信号。检波之后的视频信号如图 1-63 所示。

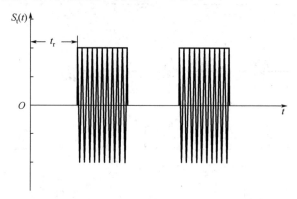

图 1-61　脉冲调制的高频信号

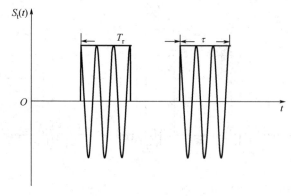

图 1-62　混频之后的中频信号

2）接收机工作过程

雷达接收机组成框图如图 1-64 所示。天线接收调频回波信号，经过收发开关和接收机保护器后，首先进行低噪声放大。接着，信号进入混频器，其中高频回波脉冲信号与本振信号的等幅高频电压进行混频，从而得到中频信号。然后，多级中频放大器对信号进行放大，并通过匹配滤波器获得最大的输出信噪比。随后，信号经过检波器和视频放大器处理，最终输送至终端处理设备。这是一种典型的超外差式雷达接收机，由射频放大和变频、中频放大以及滤波、检波（解调）和视频放大等部分组成。

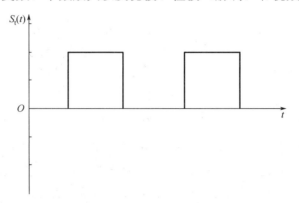

图 1-63　检波之后的视频信号

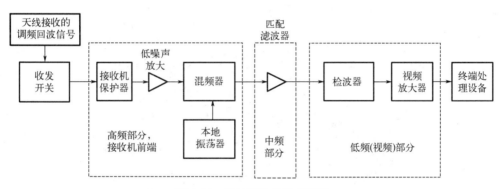

图 1-64　雷达接收机组成框图

3．天线

1）基本任务

天线分为发射天线和接收天线，其主要作用是辐射或接收电磁波，或者定向辐射或接收电磁波。发射天线将发射机的高频电振荡能量转换为向自由空间辐射的电磁波；而接收天线则将在空间传播的电磁波转换为高频电振荡能量，然后经馈线送至接收机。由此可见，天线实际上是一个能量转换装置。

为获取目标的角信息并集中辐射能量以获得较大的探测距离，天线必须具有很强的方向性。大多数雷达天线所特有的定向窄波束不仅能将能量集中到目标上，还能将其用于测量目标的方位。天线波束宽度的典型值约为 1° 或 2°。

2）基本原理

电磁变换的过程如图 1-65 所示。当载流直导体中存在电流时，它会在周围产生交变磁

场 H，而交变磁场 H 又在邻近区域产生交变的电场 E。在交变电场和交变磁场相互转换的过程中，电磁场由近到远传播出去。能够辐射电磁波的导体称为振子。振子可以水平放置或垂直放置。水平放置的振子所产生的电场方向是与地面平行的，辐射的电磁波称为水平极化波；垂直放置的振子所产生的电场方向是与地面垂直的，辐射的电磁波称为垂直极化波。

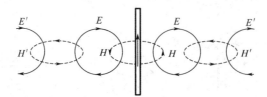

图 1-65　电磁变换的过程

辐射场的强度如图 1-66 所示。辐射场的强度在不同方向上存在差异，这体现了导体辐射的方向性特点。在通过导体中心并与导体垂直的方向上，电力线和磁力线的分布最为密集，因此场强也最强。沿着导体的方向，由于没有电力线和磁力线的分布，场强为 0。而在其他方向上，场强的强度介于最强和最弱之间。此外，辐射场的强度与导体中的电流大小成正比，而与离开导体的距离成反比。

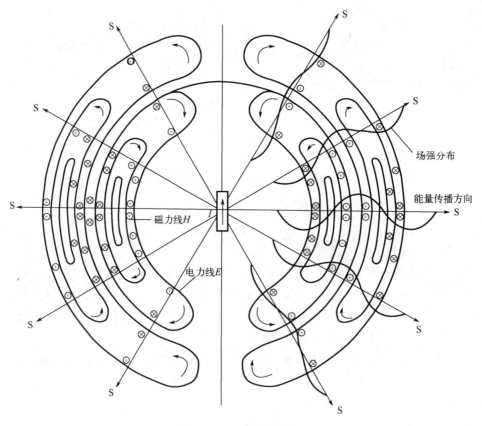

图 1-66　辐射场的强度

天线振子接收电磁波的原理图如图 1-67 所示。当与振子轴线平行的电场分量作用于振子时，导体中的自由电子随着交变电场的正负变化而来回移动，从而产生电势。这一过程表明，天线振子能够实现电磁波的接收。

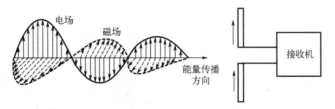

图 1-67　天线振子接收电磁波的原理图

电磁波由不同方向传到天线振子的过程如图 1-68 所示。天线振子对于来自不同方向的电磁波的接收能力不同。

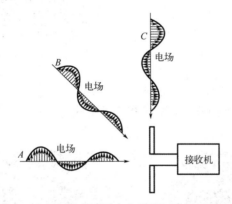

图 1-68　电磁波由不同方向传到天线振子的过程

偶极子天线如图 1-69 所示，是应用最广泛、结构最简单且使用最早的一类天线。偶极子天线由一对对称放置、长度相等的导体构成，这两端紧密靠近的导体与馈线相连，因此也称为对称振子。当用作发射天线时，电信号从天线中心馈入导体中。

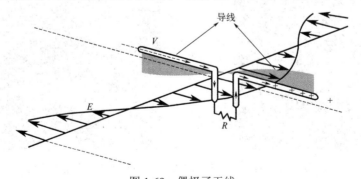

图 1-69　偶极子天线

产生电场的这两根直导线称为振子。当这两个振子的长度相等时，称为对称振子或偶极子。若两个振子的总长度等于二分之一波长，则称为半波对称振子或半波偶极子，如图 1-70 所示。

　　给一个偶极子馈电，会产生单个偶极子的天线方向性极坐标图，如图 1-71 所示。如果在距离第一个偶极子半个波长的位置上加入第二个偶极子，它将改变天线的辐射模式，产生两个波瓣。两个相距半个波长的偶极子的天线方向性极坐标图如图 1-72 所示。这种双向辐射特性是由两个偶极子单元之间相距半个波长实现的。

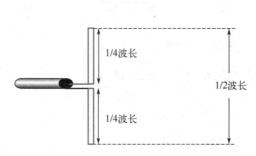

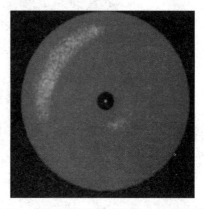

图 1-70　半波对称振子或半波偶极子　　　　图 1-71　单个偶极子的天线方向性极坐标图

　　通过增加偶极子的数量，能够将能量更加集中地定向辐射，进而增加特定方向上的信号能量密度，从而实现信号的增强。多个相距半个波长的偶极子的天线方向性极坐标图如图 1-73 所示。

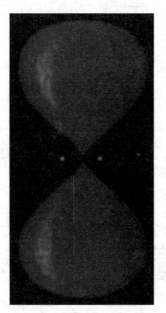

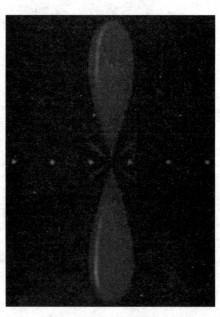

图 1-72　两个相距半个波长的偶极子的　　　　图 1-73　多个相距半个波长的偶极子的天线方向
　　　　　　天线方向性极坐标图　　　　　　　　　　　　　性极坐标图

　　在距离单个偶极子 1/4 波长的位置放置一个无源单元作为反射器。当波离开天线并经过 1/4 波长到达反射器时，由于反射作用，会产生一个极性相反的波，这个波与天线产生的波同相，由此产生单向传播的无线电波。增加了反射器后的天线方向性极坐标图如图 1-74 所示，显示了辐射能量是如何集中在一个波瓣上的。

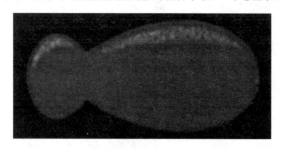

图 1-74　增加了反射器后的天线方向性极坐标图

针对波束天线辐射强度的立体示意图如图 1-75 所示。

图 1-75　针对波束天线辐射强度的立体示意图

在简单脉冲雷达中，天线通常由安装在同一支撑件上的一个辐射器和抛物面反射体组成。常见的抛物面天线及对应波束如图 1-76 所示。在多数天线的初始形式中，辐射器是一个安装在波导管末端的喇叭状管嘴，该波导管来自双工装置。喇叭将发射机送来的无线电波引导到抛物面反射体上，反射体以窄脉冲的形式发射无线电波。反射体上的回波被反射到喇叭中，然后通过相同的波导传送回双工装置，并最终送到接收机。通常，天线装有两个方向节，允许天线进行俯仰和水平转动。

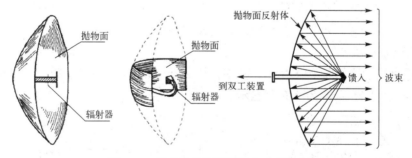

图 1-76　常见的抛物面天线及对应波束

抛物面的几何特性如图 1-77 所示。由焦点辐射的电磁波，经抛物面反射后，其传播方向彼此平行，即 AC 平行于 BD。此外，由于从焦点辐射的电磁波在经过抛物面反射后到达抛物面口时的传播路径长度相同，因此其相位也相同，即 $FA+AC = FB+BD$。

对于口径为圆形的抛物面天线，如果口径面上的电磁场是均匀分布的，则天线辐射波束的波束宽度为

$$\theta_1 = \theta_2 = 60\lambda/d（°）$$

其中，λ 为工作波长，d 为圆形抛物面的直径。

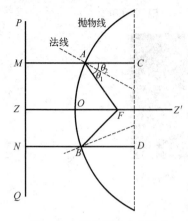

图 1-77　抛物面的几何特性

4．显示器

雷达终端显示器用来显示雷达所获得的目标信息和情报，显示的内容包括目标的位置、运动轨迹以及各种特征参数等。

常规的警戒雷达和引导雷达的终端显示器的基本任务是发现目标和测定目标的坐标，有时还需要根据回波特点及其变化规律来判别目标的性质（如机型、架数等），供指挥员全面掌握空情。现代预警雷达和精密跟踪雷达通常采用数字式自动录取设备，雷达终端显示器的主要任务是在搜索状态截获目标，监视目标的运动规律和雷达系统的工作状态。

在指挥控制系统中，雷达终端显示器不仅显示情报，还具备综合显示和指挥控制显示的功能。综合显示将多部雷达站网的情报整合在一起，经过坐标系的变换和归一化，以及目标数据的融合等处理过程，为指挥员呈现一幅敌我态势的动态图像和数据概览。在此基础上，指挥控制显示器还需要叠加显示我方的指挥命令。

早期的雷达终端显示器主要采用模拟技术来显示雷达的原始图像。然而，随着数字技术的飞速发展和雷达系统功能的不断提高，现代雷达的终端显示器不仅显示雷达的原始图像，还显示经过计算机处理的雷达数据，如目标的高度、航向、速度、轨迹、架数、机型、批号、敌我属性等。此外，它还需要显示人工对雷达的操作控制标志或数据，以实现人机交互。

雷达终端显示器根据不同的任务需求可以分为以下几种：距离显示器、平面显示器、高度显示器、情况显示器、综合显示器和光栅扫描显示器等。

1）距离显示器

3 种距离显示器如图 1-78 所示。其中，图 1-78（a）为 A 型显示器，图 1-78（b）为 J 型显示器，图 1-78（c）为 A/R 型显示器。

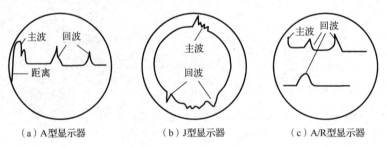

（a）A 型显示器　　　　（b）J 型显示器　　　　（c）A/R 型显示器

图 1-78　3 种距离显示器

距离显示器能够显示目标的斜距坐标，它是一度空间显示器，用光点在荧光屏上偏转的振幅来表示目标回波的大小，所以又称为偏转调制显示器。

A 型显示器为直线扫掠，扫掠线的起点与发射脉冲同步，扫掠线的长度与雷达距离量程相对应，主波与回波之间扫掠线的长度代表目标的斜距。

J 型显示器为圆周扫掠，与 A 型显示器的区别在于其扫掠线由直线变为圆周。在 J 型显示器中，目标的斜距取决于主波与回波之间在顺时针方向扫掠线的弧长。

A/R 型显示器有两条扫掠线，上面一条扫掠线和 A 型显示器相同，而下面一条扫掠线是上面扫掠线中一小段的扩展。通过扩展其中包含回波的一小段，A/R 型显示器提高了测距精度。它是基于 A 型显示器演变而来的。

2）平面显示器

平面显示器是一种二维显示器，用于显示雷达目标的斜距和方位两个坐标。它通过平面上亮点的位置来表示目标的坐标，属于亮度调制显示器。平面显示器是使用最广泛的雷达显示器，因为它能够提供平面范围的目标分布情况，这种分布情况与通用的平面地图是一致的。平面显示器的图像如图 1-79 所示，其中方位角以正北为基准（零方位角），顺时针方向计量；距离则沿半径计量；圆心代表雷达站（零距离）。图像中心部分的大片亮斑是由近区杂波形成的，较远的小亮斑表示动目标，大亮斑则代表固定目标。

平面显示器提供了 360° 范围内的全部平面信息，所以也叫全景显示器或环视显示器，简称 PPI（Plan Position Indicator）显示器或 P 显。在进行人工录取目标坐标时，通常是在 P 显上进行的。此外，P 显在必要时可以移动其原点，使其偏离管面中心，以便在指定方向上得到最大的扩展扫描。这种显示器称为偏心 PPI 显示器，如图 1-80 所示。

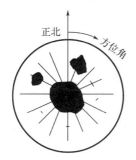

图 1-79　平面显示器的图像

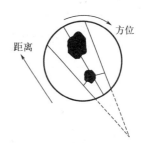

图 1-80　偏心 PPI 显示器

平面显示器不仅可以用极坐标显示距离和方位，还可以采用直角坐标来显示。当采用直角坐标时，称为 B 式显示器。B 式显示器的图像如图 1-81 所示。在 B 式显示器中，横坐标表示方位，纵坐标表示距离。通常情况下，方位角不是取整个 360°，而只是雷达所监视的一个较小的范围。同样，距离也不取全程，而是选择某一段。这种特定范围的 B 式显示器称为微 B 显示器。当需要观察某一特定波门范围内的情况时，可以使用微 B 显示器。

3）高度显示器

高度显示器应用于测高雷达和地形跟随雷达系统中，并统称为 E 式显示器。高度显示器的两种形式如图 1-82 所示，横坐标表示距离，纵坐标表示仰角或高度。当用于表示高度时，它又称为距离高度显示器（Range Height Indication，RHI）。在测高雷达中，RHI 显示器是主要的显示工具，但在精密跟踪雷达中通常采用 E 式显示器，并配合 B 式显示器使用。

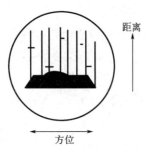
图 1-81　B 式显示器的图像

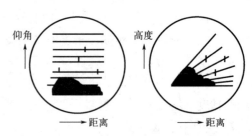
图 1-82　高度显示器的两种形式

4）情况显示器和综合显示器

随着防空系统和航空管制系统要求的提高以及数字技术在雷达中的广泛应用，出现了由计算机和微处理机控制的情况显示器和综合显示器。这两种显示器是安装在作战指挥室和空中导航管制中心的自主式显示装置，它们能够在数字式平面显示器上提供一幅空中态势的综合图像，并可以在此基础之上叠加雷达图像。综合显示器如图 1-83 所示，雷达图像为一次显示信息，综合图像为二次显示信息，其中包括表格数据、特征符号和地图背景，如河流、跑道、桥梁等。

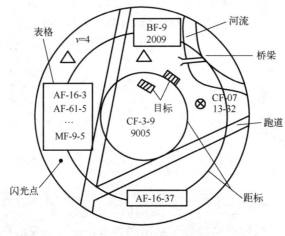
图 1-83　综合显示器

5）光栅扫描显示器

近年来，随着电视扫描技术和数字技术的不断进步，出现了多功能的光栅扫描显示器。这种数字式的光栅扫描显示器与雷达中心计算机和专用的显示处理计算机紧密集成，具有高亮度、高分辨率、多功能、多显示格式和实时显示等突出优点。它不仅能显示目标回波的一次信息，还能显示各种二次信息以及背景地图。得益于数字式扫描变换技术的应用，通过对图像存储器的控制，光栅扫描显示器可以生成多达 20 余种不同的显示格式画面，包括正常 PPI 型、偏心 PPI 型、B 型、E 型等多种类型。典型的机载火控雷达对地扫描状态显示画面如图 1-84 所示，其中 DT 表示行扫描。

1.2.3　机载火控雷达战技指标

雷达的战术指标是指雷达完成作战战术任务的能力，而技术指标则是描述雷达技术性能的量化指标。战术指标是设计雷达的依据，而技术指标则反映了雷达在战术应用中的性能表现。

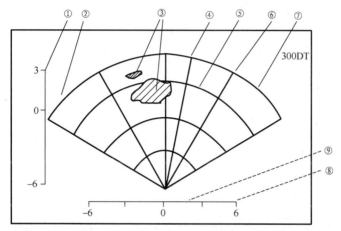

①—天线俯仰扫描线
②—天线波束俯仰标志
③—目标
④—航标线
⑤—距离标志
⑥—距离量程值
⑦—状态标志
⑧—天线方位扫描线
⑨—天线方位标志

图 1-84　典型的机载火控雷达对地扫描状态显示画面

1）雷达战术指标

雷达战术指标主要涉及以下 9 点。

（1）探测空域是指雷达能够以一定的检测概率和虚警概率，结合特定的目标起伏模型和雷达截面积，进行有效探测的空间区域。这个空间区域由雷达的最大和最小探测距离，以及方位和俯仰扫描角共同界定。

（2）目标参数测量涉及对目标的多个属性进行测定，包括距离、方位、高度、速度，以及目标的批次、机型和敌我识别等信息。

（3）雷达的分辨率是指其能够分辨空间中接近的两个目标的能力，这包括速度分辨率、距离分辨率和角度分辨率。速度分辨率是指能够区分同一目标不同运动速度的最小速度间隔，即 $\Delta f_{\mathrm{d}}=2\Delta v/\lambda$；距离分辨率是指同一方向（角度）上能够区分两个目标的最小距离，即 $\Delta R=c\tau/2$；角度分辨率是指在同一距离上能够区分两个目标的最小角度 $\Delta\theta$。$\Delta\theta$ 是雷达天线的半功率点波束角。

（4）目标参数测量精度是指雷达测量目标坐标参数的误差，通常用均方根值来表示，它由以下内容组成：$\sigma_{速度}$、$\sigma_{方位}$、$\sigma_{俯仰}$、$\sigma_{距离}$。

（5）目标参数录取能力是指雷达完成一次全空域探测后，能够录取多少目标参数的能力。

（6）雷达抗干扰能力是指雷达在电子战环境中采取各种抗干扰措施后，其生存或自卫距离得到改善的能力。抗干扰措施包括波形设计、空间对抗、极化对抗、频域对抗、杂波抑制和战术配合等。

（7）可靠性/可维护性。

（8）体积/质量/功耗。

（9）工作环境/机动性。

2）雷达技术指标

雷达技术指标主要涉及以下 11 点。

（1）雷达的工作频率 f_0 与波长 λ 之间的关系为 $f_0 = c/\lambda$。

（2）雷达的发射功率 P_t 与其脉冲重复周期 T_r、平均功率 P_{av}、脉冲宽度 τ 之间的关系为 $P_t = (T_r P_{av})/\tau$。

（3）脉冲信号的参数包括脉冲宽度 τ、脉冲重复周期 T_r 和脉冲重复频率 f_r。雷达的最大不模糊距离可以表示为 $R_{max} = 0.8 T_r c/2$。

（4）雷达的天线参数包括天线的形式（线、面、平板缝隙，阵列等）、反射（阵）面尺寸、天线增益、第一旁瓣电平、波束形状、主波束宽度、扫描方式和扫描周期等。

（5）接收机灵敏度是指雷达以一定的检测概率和虚警概率能探测到目标的最小回波信号功率。

（6）雷达的抗干扰技术是指其抵抗外部环境干扰的技术。

（7）录取目标参数的方式和能力。

（8）雷达的显示能力涵盖了探测的各项技术指标以及对二次产品的显示能力。

（9）系统设计技术：模块化/标准化/系列化。

（10）故障检测能力/维护能力。

（11）功耗/工作环境适应能力。

1.3 雷达的探测距离

1.3.1 雷达基本方程

通常设计者和用户最关心的是雷达能够探测目标的最大距离。要探测一个目标，就必须从该目标接收到足够大的能量使滤波器的输出明显高于噪声电平。在天线波束照射目标的时间内，决定目标回波能量的因素如图 1-85 所示。

（1）向目标方向辐射的无线电波的平均功率，即能量流动速率。

（2）被目标截获并向雷达方向散射的能量值。

（3）被雷达天线截获的能量值。

（4）天线波束照射目标的时间。

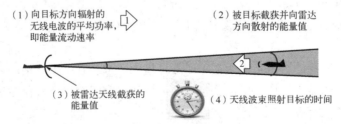

图 1-85 决定目标回波能量的因素

当天线波束照射一个目标时，目标所在方向辐射的无线电波的功率密度与发射机的平均输出功率和天线主瓣增益的乘积成正比，如图 1-86 所示。功率密度是指与无线电波传播方向垂直的平面上每单位面积的能量流动速率。

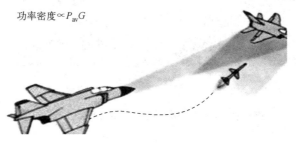

功率密度 $\propto P_{av}G$

图 1-86　功率密度与发射机的平均输出功率和天线主瓣增益的乘积成正比

无线电波在向目标传播的过程中，其功率会扩散到一个不断扩大的区域中。无线电波功率扩散示意图如图 1-87 所示。这个区域的大小 A 与目标距离雷达的远近成正比。当目标距离为 R 时，功率密度仅为距离雷达 1m 处的 $1/R^2$。

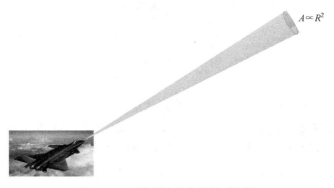

$A \propto R^2$

图 1-87　无线电波功率扩散示意图

目标所截获的功率等于目标距离上的功率密度乘以雷达看到的几何截面积（投影面积）。散射回雷达的功率则取决于目标的反射率和方向性。反射率为总散射功率与总截获功率之比，而方向性类似于天线增益，表示向雷达散射的功率与各方向均匀散射时在同一方向散射的功率之比。为了综合考虑这些因素，通常将目标几何截面积、反射率和方向性归纳为一个因素，称为雷达散射面积（Radar Cross Section，RCS），即雷达截面积，用希腊字母 σ 表示，单位为 m^2。

目标的 RCS 可视为 3 个因素的乘积，即

$$\sigma = 几何截面积 \times 反射系数 \times 方向性系数$$

几何截面积 A 是指从雷达方向看到的目标截面积，这个面积决定了目标能够截获多少功率。几何截面积如图 1-88 所示。截获波的功率密度（$P_{截获}$）为

$$P_{截获} = A \times P_{入射} \tag{1-1}$$

其中，$P_{入射}$ 是雷达波的功率密度。

图 1-88　几何截面积

反射系数表示目标截获雷达波后再辐射出去的能量比例，即

$$反射系数 = \frac{P_{散射}}{P_{截获}} = \frac{P_{散射}}{A \times P_{入射}} \tag{1-2}$$

辐射出去的能量等于目标截获的雷达波能量减去其所吸收的能量。目标对雷达的散射如图 1-89 所示。

方向性系数是指目标实际向雷达方向散射的能量与向各个方向均匀散射时的能量之比，即

$$方向性系数 = \frac{P_{反射}}{P_{各向同性}} \tag{1-3}$$

一般情况下，$P_{反射}$ 和 $P_{各向同性}$ 均用单位立体角上的功率来表示，$P_{各向同性}$ 等于 $P_{散射}$ 除以单位立体角的数量。立体角的单位是球面度，即面积为半径平方的球面对应的球心角。立体角如图 1-90 所示。因为球的表面积为 4π 乘以半径的平方，所以一个球包含 4π 球面度。因此，得方向性系数为

$$方向性系数 = \frac{P_{反射}}{(1/4\pi)\,P_{散射}} \tag{1-4}$$

RCS 的完整表达式可表示为

$$\sigma = A \times \frac{P_{散射}}{A \times P_{入射}} \times \frac{P_{反射}}{(1/4\pi)P_{散射}} \tag{1-5}$$

经简化，得

$$\sigma = 4\pi \frac{单位立体角的反射波}{入射雷达波的功率密度}$$

因此，雷达方向散射的电波功率密度可以通过将到达目标处的发射波的功率密度乘以目标的截面积来计算。

无线电波从目标返回的途中，其经历的几何扩散过程与无线电波向目标传播的过程相同。在传播过程中，其功率密度会降低两次，每次降低的比例都是 $1/R^2$，使得无线电

波返回雷达时的功率密度只有单位目标距离时的 $1/R^4$。反射到雷达方向的功率密度如图 1-91 所示,其为截获波的功率密度与 RCS 的乘积。

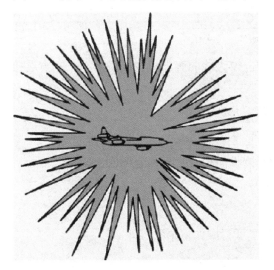

图 1-89　目标对雷达的散射

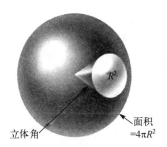

图 1-90　立体角

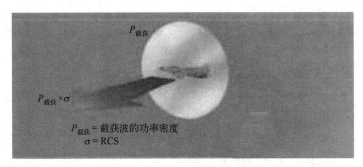

图 1-91　反射到雷达方向的功率密度

此外,雷达究竟能在多远距离上发现(检测到)目标,这要由雷达方程来回答。雷达方程将雷达的探测距离与雷达发射、接收、天线和环境等因素联系起来。

雷达发射与接收无线电波如图 1-92 所示,设雷达发射机功率为 P_t(单位:W),发射天线增益为 G_t,入射到距离为 R(单位:m)的目标上的功率密度(单位:W/m^2)为

$$S_1 = \frac{P_t G_t}{4\pi R^2} \tag{1-6}$$

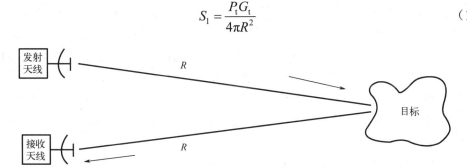

图 1-92　雷达发射与接收无线电波

用目标雷达截面积来表示被目标截获入射功率后再次辐射回雷达处的功率大小，则接收天线上获得的回波功率密度（单位：W/m²）为

$$S_2 = S_1\sigma \times \frac{1}{4\pi R^2} = \frac{P_t G_t}{4\pi R^2}\sigma \times \frac{1}{4\pi R^2} \tag{1-7}$$

雷达接收天线只收集了回波功率的一部分，设天线的有效接收面积为 A，则雷达接收到的回波功率为

$$P_\tau = S_2 A = \frac{P_t G_t A\sigma}{(4\pi)^2 R^4} \tag{1-8}$$

由天线理论可知，天线增益和天线的有效接收面积 A 之间有以下关系，即

$$G = \frac{4\pi A}{\lambda^2}$$

其中，λ 为工作波长，则雷达接收到的回波功率可写成如下形式，即

$$P_\tau = S_2 A = \frac{P_t G_t A\sigma}{(4\pi)^2 R^4} = \frac{P_t G_t^2 \lambda^2 \sigma}{(4\pi)^3 R^4} \tag{1-9}$$

当雷达接收到的回波功率 P_τ 等于最小可检测信号 $S_{i\min}$ 时，雷达达到其最大探测距离 $R_{\max}$，即

$$R_{\max} = \left(\frac{P_t G_t A\sigma}{(4\pi)^2 S_{i\min}}\right)^{\frac{1}{4}} = \left(\frac{P_t G_t^2 \lambda^2 \sigma}{(4\pi)^3 S_{i\min}}\right)^{\frac{1}{4}} \tag{1-10}$$

超过 $R_{\max}$ 后，雷达不能有效地探测到目标。需要注意的是，这个基本雷达方程是理想无损耗自由空间传播的单基地雷达方程。

理想情况：G_t 表示天线方向的最大增益值，这是在假设目标正好位于天线最大增益方向时的理想情况。然而，在实际应用中，目标可能并不总是位于天线的最大增益方向，而是位于次大增益方向上，此时需要将 G_t 的值乘以 0.8 或 0.9，以反映这种实际情况。

无损耗：P_t 通常表示发射机的输出功率，但在实际的空间传播过程中，这一功率会受到多种损耗的影响。这些损耗包括大气衰减损耗、发射传输损耗（从发射机到发射天线过程中由馈线、收发开关等引起的损耗），以及接收传输损耗。

自由空间传播：自由空间传播是指电磁波在均匀介质中的传播过程。然而，如果介质不均匀，电磁波在传播过程中可能会发生折射。

自由空间：在自由空间中，基本的雷达方程通常没有考虑各种气象条件的影响。因此，当气象条件不佳，如遇到雪、雨等恶劣天气时，雷达接收到的信号质量可能会比气象条件良好时明显变差。

单基地：单基地雷达是指在推导雷达方程时，假设雷达的发射天线和接收天线

位于同一个坐标点，即雷达信号从一个点发射并在同一个点接收目标回波信号。这意味着信号的发射和接收均在同一个基地完成。与单基地雷达不同的是，双基地雷达的发射和接收分别位于不同的点。此外，还有多基地雷达以及一发多收等不同类型的雷达系统。然而，对于传统的机载火控雷达而言，它们大多采用单基地雷达的设计。

在基本雷达方程中，R_{max} 在不同的虚警概率 P_{fa} 和发现概率 P_d 下，有不同的值。最小可检测信号功率，即接收机灵敏度 $S_{i\min}$ 的大小会影响这两个概率。

接收机灵敏度 $S_{i\min}$ 与接收机的噪声系数、带宽和最小可检测的信噪比有关。对基本雷达方程做出变换，接收机灵敏度可表示为

$$S_{i\min} = kT_0 B_n F \left(\frac{S_0}{N_0} \right)_{\min}$$

其中，F 表示接收机的噪声系数；k 为玻尔兹曼常数（1.38×10^{-23}J/K）；T_0 为天线等效温度（单位：K）；B_n 为接收机带宽（单位：Hz）；$\left(\dfrac{S_0}{N_0} \right)_{\min}$ 为识别系数，即接收机中输出的最小可检测的信噪比。

当发射脉冲具有矩形包络时，最佳接收机能够实现最大的信噪比输出。此时，接收机的带宽约为信号脉冲宽度的倒数。将上述因素代入雷达方程，可以得到其另一种形式，即

$$R_{max}^4 = \frac{P_t \tau G A \sigma}{(4\pi)^2 kT_0 F(S_0/N_0)_{\min}}$$

此时的基本雷达方程是对单个回波脉冲进行推导的。然而，在实际应用中，当雷达天线扫过目标时，接收到的并非单一回波脉冲，而是一系列（几个或几十个）回波脉冲。这是因为可以利用多个回波脉冲来改善检测效果。

补充知识：分贝（dB）。分贝是一个对数单位，起先主要将其用于表示功率的比值，特别是以 dB 表示的功率，现在也可以用其表示其他比值。

分贝与功率比的关系如图 1-93 所示。分贝与功率比的具体对应关系如图 1-94 所示。负分贝表示的功率比小于 1，正分贝表示的功率比大于 1，0 分贝对应的功率比为 1。分贝表示功率比的优点是可以将一个大功率比用一个较小的数字表示。

分贝最初用于表示功率的比值，但也可以用来表示功率的绝对值，此时需要选择一个参考值作为基准。最常用的参考值是 1W，与其对应的分贝单位是 dBW。例如，1W 的功率为 0dBW，2W 的功率为 3dBW，而 1000W 的功率为 30dBW。

另一个常用的参考值是 1mW，与其对应的分贝单位是 dBm。dBm 被广泛用于小信号的功率，如雷达回波中。

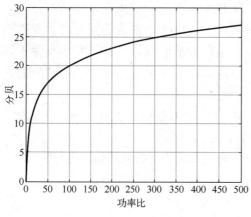

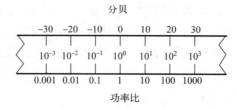

图 1-93　分贝与功率比的关系　　　　图 1-94　分贝与功率比的具体对应关系

目标的大小、远近和回波功率的关系如图 1-95 所示。从一个大的、近距离的目标接收到的功率可能是一个小的、远距离的目标接收到的功率的 1×10^{13} 倍甚至更多。一个小型远距离目标的回波可能会弱到 –130dBm 甚至更低，这相当于 10^{-13}mW。而来自近距离目标的回波可能会强到 0dBm。因此，使用 –130dBm 来表示这样微小的绝对功率是非常方便的。

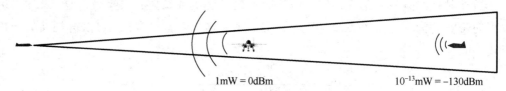

图 1-95　目标的大小、远近和回波功率的关系

使用与 mW 相关的分贝来表示功率具有明显的优点，类似地，RCS 也可以用分贝相对于平方米（dBsm）来表示。由于不同目标的外形各异，其 RCS 值可能在 1m^2 到 1000m^2。dBsm 是以 1m^2 为参考面积的 RCS 的分贝表示。

某雷达系统的发射脉冲功率为 200kW，收发天线增益为 30dB，波长为 0.1m，接收机灵敏度为 –110dBm。在不考虑大气衰减、多径效应等其他损耗因素的情况下，求其对 $\sigma = 1\text{m}^2$ 目标的最大探测距离，即

$$R_{\max} = \left[\frac{P_{\text{t}} G_{\text{t}}^2 \lambda^2 \sigma}{(4\pi)^3 S_{i\min}} \right]^{\frac{1}{4}} = \left(\frac{2 \times 10^5 \times 10^{3 \times 2} \times 0.1^2 \times 1}{(4\pi)^3 \times 10^{-14}} \right)^{\frac{1}{4}} = \left(\frac{2 \times 10^{23}}{(4\pi)^3} \right)^{\frac{1}{4}} = 100.786\text{km}$$

在计算雷达方程时，应使用国际标准的十进制单位，即所有参数都应采用其真实值而非分贝值。具体来说，距离的单位应为 m；功率的单位应为 W；波长的单位应为 m；目标雷达截面积的单位应为 m^2；接收机灵敏度的单位通常为 mW 或者 dBm。

从雷达方程中可以得到以下 5 点规律。

（1）发射功率的改变对探测距离的影响。

发射功率的改变对探测距离的影响如图 1-96 所示。随着发射功率的增加，探测距离的增加速度逐渐放缓，即发射功率增加到 3 倍，探测距离仅增加 32%，而当发射功率增加到 16 倍时，探测距离才增加到 2 倍。因此，单纯依靠增加发射功率来显著提高雷达探测距离并不是个好办法，且增加发射功率受到发射管技术条件的限制。为了增加雷达探测距离，可以在发射方面加大脉冲宽度以增加脉冲期间的发射能量，从而提高发射机的平均功率。

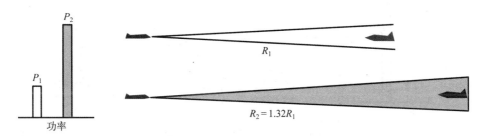

图 1-96　发射功率的改变对探测距离的影响

（2）噪声对探测距离的影响。

噪声对探测距离的影响如图 1-97 所示，可以近似认为接收机灵敏度 $S_{i\min}$ 和噪声平均功率 kT_s 成正比。此时，减小系统噪声与以同样系数增加功率对探测距离有相同的影响。

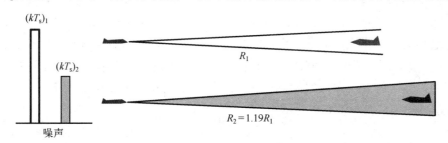

图 1-97　噪声对探测距离的影响

（3）目标照射时间与探测距离的关系为

$$\text{从目标接收到的能量} = \text{照射时间} \times \text{回波功率}$$

目标照射时间与探测距离的关系如图 1-98 所示，可以看出目标照射时间加倍与发射功率加倍对探测距离有相同的影响。

（4）RCS 与探测距离的关系。

RCS 与探测距离的关系如图 1-99 所示，当 RCS 增加到原来的 4 倍时，探测距离增加到 1.41 倍。

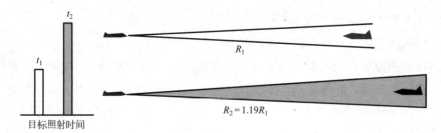

图 1-98　目标照射时间与探测距离的关系

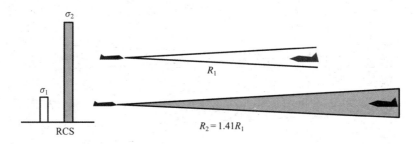

图 1-99　RCS 与探测距离的关系

（5）天线面积与探测距离的关系。

天线有效接收面积 A、天线增益 G 以及波长之间存在特定的关系，即 $G = \dfrac{4\pi A}{\lambda^2}$。

假设天线为圆形，当天线直径 d 增加 1 倍时，天线的有效接收面积 A 和天线增益 G 都会增加 4 倍。因此，当天线直径增加 1 倍时，探测距离也会增加 1 倍。然而，天线直径的增加会使波束宽度减半。所以，为了保持相同的目标照射时间，当天线直径增加 1 倍时，雷达需要降低扫描速度。虽然增大天线有效接收面积对增大雷达探测距离是有利的，但这需要增大天线的几何尺寸，从而使天线结构变得庞大笨重。天线面积与探测距离的关系如图 1-100 所示。

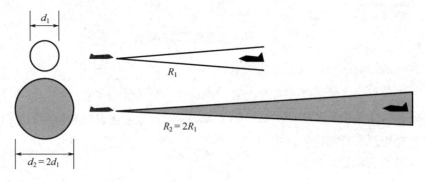

图 1-100　天线面积与探测距离的关系

1.3.2　检测过程

假定一个小目标正从很远的地方向一部多普勒搜索雷达靠近，开始时目标回波极其微弱，以至于完全淹没在背景噪声中。由于接收机会将噪声和信号一起放大，因此提高接收机的天线增益无法提取噪声中的回波。

天线波束扫描目标的过程如图 1-101 所示。当天线波束扫过目标时，雷达会接收到一串脉冲。雷达信号处理机通过多普勒滤波器积累这些脉冲串中的能量。滤波器输出的目标信号近似等于天线波束照射目标期间所接收到的总能量。此时，滤波器中的噪声能量和信号能量叠加，使得二者难以区分。

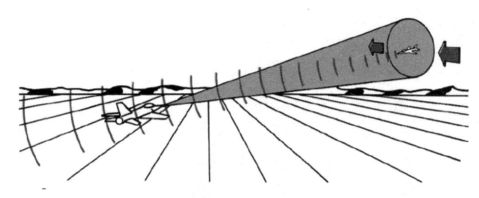

图 1-101　天线波束扫描目标的过程

目标距离和信号及噪声强度的关系如图 1-102 所示。随着目标距离的减小，积累信号的强度随之增加，而噪声的平均强度则保持相对稳定。最终，当信号强度足够强时，它能够超过噪声水平，从而被雷达成功检测出来。

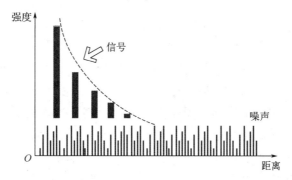

图 1-102　目标距离和信号及噪声强度的关系

多普勒雷达的检测过程是自动完成的。在每个积累周期的末尾，各个滤波器的输出会送到各自的检波器。如果积累后的信号与噪声超过某个确定门限，检波器就判别为有目标，同时在显示器上出现一个明亮的目标信号。反之，在显示器上没有任何亮点。信号强度与显示器上出现的亮点如图 1-103 所示。

噪声和目标回波信号都具有一定的随机性。因此，雷达回波信号的检测具有统计性质，通常用概率来描述目标的发现情况。雷达检测的主要任务是在保持较低的虚警概率的同时，尽可能提高发现目标的概率。当门限超出平均噪声电平越高时，噪声尖头超过门限产生虚警的概率就越低。检测门限和平均噪声电平如图 1-104 所示。

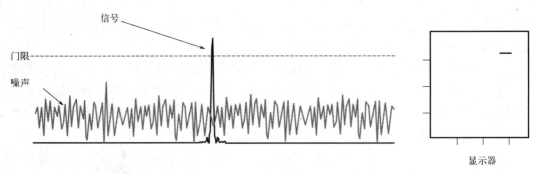

图 1-103　信号强度与显示器上出现的亮点

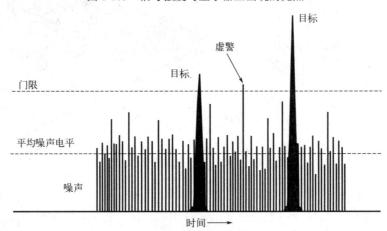

图 1-104　检测门限和平均噪声电平

随机噪声有时会超过门限，导致检测器错误地判断目标，这称为虚警。产生虚警的概率称为虚警概率。门限相对于平均噪声电平的设置越高，虚警概率就越低。

门限电平的高低对发现概率和虚警概率的影响如图 1-105 所示。当提高门限电平时，虚警概率降低，但同时发现概率也会降低，这时需要更高的信噪比才能检测到信号。相反，降低门限电平会增加发现概率，使得在较低的信噪比下就能检测到信号，但同时会增加虚警概率。一旦门限相对于噪声均方根值的相对值被确定，虚警概率也就被确定。在这种情况下，信噪比越高，发现概率也越高。雷达方程中定义的最小可检测信噪比是在特定虚警概率下，为达到某一发现概率所需要的信噪比，这个值是可以分析和计算的。

因此，为了设置最佳的门限值，需要连续检测雷达多普勒滤波器的输出。

检测时，门限电平的高低会影响以下两种错误的判断。

（1）有信号而误判为没有信号（漏警）。

（2）只有噪声时误判为有信号（虚警）。

检测器根据两种误判影响的大小来选择合适的门限。

门限检测是一种统计检测，由于信号叠加有噪声，所以总输出是一个随机量。在输出端，检测器根据输出振幅是否超过门限来判断是否有目标存在。此时，可能出现以下4种情况。

（1）存在目标时，判为有目标，这是正确判断，称为发现，它的概率称为发现概率 P_d。

（2）存在目标时，判为无目标，这是错误判断，称为漏报，它的概率称为漏报概率 P_{la}。

（3）不存在目标时判为无目标，称为正确不发现，它的概率称为正确不发现概率 P_{an}。

（4）不存在目标时判为有目标，称为虚警，这是错误判断，它的概率称为虚警概率 P_{fa}。

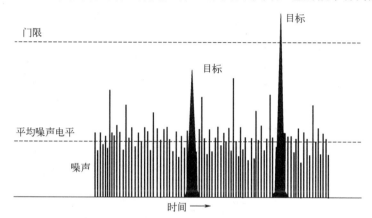

图 1-105　门限电平的高低对发现概率和虚警概率的影响

显然，上述 4 种概率之间存在以下关系，即

$$P_d + P_{la} = 1 \qquad\qquad P_{an} + P_{fa} = 1$$

门限检测的过程可以由电子线路自动完成，也可以由观察员通过显示器手动完成。观察员会不断地调整门限，即人在雷达检测过程中的作用与观察员的责任心、熟悉程度以及当时的情况有关。例如，如果观察员害怕漏报，他可能会有意地降低门限，这会导致虚警概率的增加；如果观察员担心虚报，他可能倾向于提高门限，但这样做会把比噪声大得多的信号误判为目标，从而漏掉一些弱信号。

1.3.3　传播过程中各种因素的影响

传播过程中受到的各种因素的影响主要表现为大气传播衰减和大气折射两种现象。

1）大气传播衰减

大气中的氧气和水蒸气是雷达电磁波衰减的主要原因。这是因为照射到这些气体微粒上的部分电磁波能量会被吸收并转化为热能，从而造成能量损失。当工作波长短于 10cm 时，必须考虑大气传播衰减。大气衰减曲线如图 1-106 所示。其中，实线表示在大气中含氧 20%、一个大气压力条件下氧气的衰减情况；虚线表示当大气中含 1%水蒸气微粒（ $7.5 \times 10^{-3}\,\text{kg/m}^3$ ）时水蒸气的衰减情况。随着高度的增加，大气传播衰减会减小，因此，实际雷达工作时的大气传播衰减与雷达的探测距离以及目标的高度有关。

双程大气衰减曲线（仰角 0° 时）如图 1-107 所示。双程大气衰减曲线（仰角 5° 时）如图 1-108 所示。展示了在不同仰角时的双程大气衰减曲线。从这些曲线中可以看出，随着工作频率的增加，双程大气衰减也会增大；相反，当雷达探测时的仰角增大时，双程大气衰减则会减小。

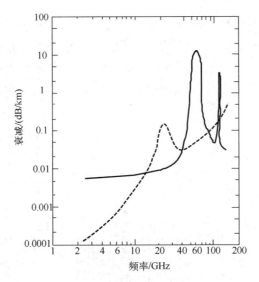

图 1-106　大气衰减曲线

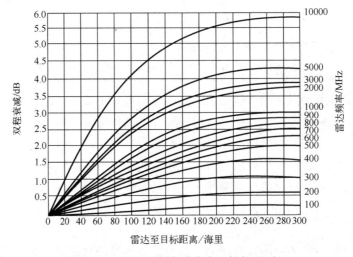

图 1-107　双程大气衰减曲线（仰角 0°时）

此外，大气中的雨、雾也会对电磁波产生衰减作用。雨、雾衰减曲线如图 1-109 所示。其中，a 是微雨（雨量 0.25mm/h）；b 是小雨（雨量 1mm/h）；c 是大雨（雨量 4mm/h）；d 是暴雨（雨量 16mm/h）；e 是淡雾，其能见度为 600m（含水量 3.2×10^{-5} kg/m^3）；f 是中雾，其能见度为 120m（含水量 3.2×10^{-4} kg/m^3）；g 是浓雾，其能见度为 30m（含水量 2.3×10^{-3} kg/m^3）。

当均匀的大气传播衰减分布在整个探测距离中时，雷达探测距离的修正计算方法如下所述：若电磁波单程大气传播衰减为 δ dB/km，则雷达接收机接收的回波功率密度 S_2' 与没有衰减时的功率密度 S_2 的关系为

$$10\lg\frac{S_2'}{S_2} = 2\delta R$$

$$\lg \frac{S_2'}{S_2} = \frac{2\delta R}{10}$$

$$\ln \frac{S_2'}{S_2} = 2.3 \times \frac{2\delta R}{10} = 0.46\delta R \tag{1-11}$$

$$\frac{S_2'}{S_2} = e^{0.46\delta R}$$

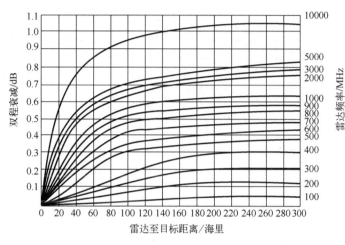

图 1-108　双程大气衰减曲线（仰角 5° 时）

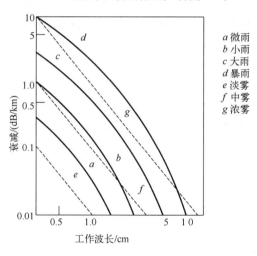

图 1-109　雨、雾衰减曲线

考虑大气传播衰减后的雷达方程为

$$R_{max} = \left[\frac{P_t G_t^2 \lambda^2 \sigma}{(4\pi)^3 S_{i\min}} \right]^{\frac{1}{4}} e^{0.115\delta R_{max}} \tag{1-12}$$

其中，δR_{max} 为在最大探测距离下单程大气传播衰减的分贝数。由式（1-11）可知，δR_{max}

是负分贝数（因为 S_2' 总是小于 S_2），所以考虑大气传播衰减的结果总是降低探测距离。由于 δR_{max} 和 R_{max} 直接有关，因此式（1-12）无法写成显函数的形式，此时可以使用试探法求 R_{max}，即查用事先画好的探测距离计算图，如图 1-110 所示。

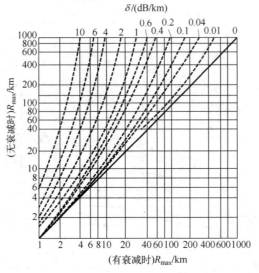

图 1-110　探测距离计算图

2）大气折射

电磁波在大气中传播时，由于是在非均匀介质中传播的，因此其传播路线不是直线而是会产生折射。大气折射现象如图 1-111 所示。具体来说，大气折射对雷达的影响主要体现在两个方面：首先，它会改变雷达的探测距离，从而导致测距误差；其次，大气折射还会引起仰角测量的误差。

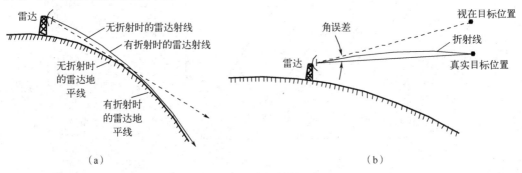

图 1-111　大气折射现象

在正常的大气条件下，电磁波传播时会向下折射弯曲，从而增加了雷达的直视距离。这是地球的曲率半径造成的。地球曲率半径对雷达直视距离的影响如图 1-112 所示。由于地球表面的弯曲，雷达无法观测到超过直视距离的目标，这在图中以阴影区域表示。

处理大气折射对雷达直视距离影响的常用方法是用等效地球曲率半径 ka 来代替实际的地球曲率半径 $a = 6370\text{km}$，系数 k 和大气折射系数 n 与高度的变化率 $\mathrm{d}n/\mathrm{d}h$ 有关，即

$$k = \frac{1}{1 + a\dfrac{\mathrm{d}n}{\mathrm{d}h}}$$

在正常的大气条件下，$\mathrm{d}n/\mathrm{d}h$ 通常为负值。例如，在温度为 +15℃的海面，温度随高度变化的梯度为 $0.0065°/\mathrm{m}$，大气折射率梯度为 $3.9 \times 10^{-8}/\mathrm{m}$。根据这些参数，大气折射对雷达直视距离的影响等效于半径为 $a_\mathrm{e} = ka$（$k = 4/3$）的球面对雷达直视距离的影响。这就是考虑典型大气折射时的等效地球半径，即

$$a_\mathrm{e} = \frac{4}{3}a = 8493\mathrm{km}$$

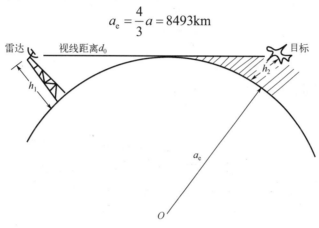

图 1-112　地球曲率半径对雷达直视距离的影响

随着曲率半径的增大，曲率会相应减小，从而导致雷达的直视距离增大。雷达直视距离计算示意图如图 1-113 所示。由此可以计算出雷达的直视距离 d_0（单位：km）为

$$\begin{aligned}
d_0 &= \sqrt{(a_\mathrm{e} + h_1)^2 - a_\mathrm{e}^2} + \sqrt{(a_\mathrm{e} + h_2)^2 - a_\mathrm{e}^2} \\
&\approx \sqrt{2a_\mathrm{e}}\left(\sqrt{h_1} + \sqrt{h_2}\right) = 130\left(\sqrt{h_1} + \sqrt{h_2}\right) \quad (h_1\text{和}h_2\text{的单位为km}) \\
&= 4.1\left(\sqrt{h_1} + \sqrt{h_2}\right) \quad (h_1\text{和}h_2\text{的单位为m})
\end{aligned}$$

雷达的直视距离主要由雷达天线高度 h_1 和目标高度 h_2 决定，而与雷达本身的性能无关。这与雷达的最大探测距离 R_max 概念不同。如果计算结果为 $R_\mathrm{max} > d_0$，则说明天线高度 h_1 或目标高度 h_2 限制了检测目标的距离；相反，如果 $R_\mathrm{max} < d_0$，则说明虽然目标处于视线以内，但由于雷达性能不足，无法探测到距离大于 R_max 的目标。

电磁波在大气中传播时的折射情况与气候、季节、地区等因素有关。在特殊情况下，如果折射线的曲率和地球曲率相同，称为超折射现象。此时，

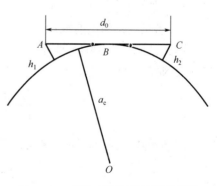

图 1-113　雷达直视距离计算示意图

等效地球半径视为无限，雷达的探测距离不再受视距限制，从而对低空目标的覆盖距离将有明显增加。

1.4 目标距离测量

测量目标的距离是雷达的基本任务之一。无线电波在均匀介质中以固定的速度沿直线传播（在自由空间中的传播速度约等于光速）。目标距离的测量如图 1-114 所示，雷达位于 A 点，而在 B 点有一个目标。为了确定目标至雷达的距离（即斜距）R，需要测量无线电波从雷达发射到目标再反射回到雷达所需的时间 t_R，然后计算得到距离 R 为

$$R = \frac{1}{2}ct_R \qquad (1\text{-}13)$$

其中，t_R 为回波相对于发射信号的延迟时间。因此，目标距离的测量就是要精确测定其延迟时间 t_R。根据雷达发射信号的不同，测定其延迟时间通常可以采用脉冲法、调频法和相位法。

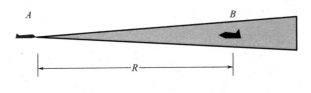

图 1-114　目标距离的测量

1.4.1 脉冲法测距

1）基本原理

在常用的脉冲雷达中，回波信号通常滞后于发射的脉冲信号。这种回波信号的延迟时间 t_R 通常是很短的，将光速 $c = 3 \times 10^5 \text{km/s}$ 代入式（1-13）后得

$$R = 0.15t_R \qquad (1\text{-}14)$$

其中，t_R 的单位为 μs，测得的目标距离单位为 km。

2）影响测距精度的因素

测距精度是雷达的主要参数之一，由测距公式可以看出影响测距精度的因素。对式（1-14）求全微分，得

$$dR = \frac{\partial R}{\partial c}dc + \frac{\partial R}{\partial t_R}dt_R = \frac{R}{c}dc + \frac{c}{2}dt_R$$

用增量代替微分，可得测距误差为

$$\Delta R = \frac{R}{c}\Delta c + \frac{c}{2}\Delta t_R \qquad (1\text{-}15)$$

其中，Δc 为电磁波平均传播速度的误差，Δt_R 为测量目标回波延迟时间的误差。

误差按其性质可分为系统误差和随机误差两类。系统误差主要是由于测距系统中各部分对信号的固定延时造成的，表现为多次测量的平均值与被测距离真实值之

间的差异。理论上，系统误差可以通过校准雷达来补偿，但在实际工作中，这种补偿难以完全实现。因此，雷达的技术指标中通常会给出允许的系统误差范围。随机误差是指因某些偶然因素引起的测距误差，也称偶然误差。设备本身工作的不稳定性是造成随机误差的一个重要原因，例如接收时间滞后的不稳定性、各部分回路参数的偶然变化、晶体振荡器频率不稳定性以及读数误差等。由于随机误差在多次测量中的表现是随机的，因此通常无法对其进行补偿。随机误差是衡量测距精度的重要指标。

如果大气是均匀的，则电磁波在大气中的传播是等速直线，此时测距公式（1-13）中的 c 值可认为是常数。但实际上，大气的分布是不均匀的，且其参数随时间、地点而变化。大气的密度、湿度、温度等参数的随机变化，导致大气传播介质的导磁系数和介电常数也发生相应改变，因而电磁波传播速度 c 不是常量而是一个随机变量。由式（1-15）可得，电磁波传播速度的随机误差引起的测距误差有如下公式，即

$$\frac{\Delta R}{R} = \frac{\Delta c}{c} \tag{1-16}$$

从上式可以看出，随着距离 R 的增大，由电磁波传播速度的随机误差引起的测距误差 ΔR 也增大。昼夜间大气中温度、气压及湿度的变化所引起的传播速度变化为 $\Delta c / c \approx 10^{-5}$，若用平均值 c 作为测距计算的标准常数，则所得测距精度亦为同样量级。例如，当 $R = 60\text{km}$ 时，$\Delta R = 60 \times 10^{3} \times 10^{-5} = 0.6\text{m}$，这对常规雷达来讲是可以忽略的。

电磁波在大气中的平均传播速度与光速略有差异，并且这种差异会随工作波长 λ 的不同而有所变化。因此，测距公式（1-13）中的 c 值应根据实际情况进行校准，否则会引入系统误差。真空中和不同高度的大气中实测的电磁波传播速度如表 1-3 所示。

表 1-3　真空中和不同高度的大气中实测的电磁波传播速度

传播条件	c /（km/s）	备注
真空	299776±4	1941 年测得
	299773±10	1944 年测得
	299792.4562±0.001	1972 年测得
$H = 3.3\text{km}$	299713	皆为平均值
$H = 6.6\text{km}$	299733	
$H = 9.8\text{km}$	299750	

当电磁波在大气中传播时，由于大气介质分布的不均匀性，电磁波的传播路径会发生折射，不再是直线而是弯曲的弧线。大气中电磁波的折射如图1-115 所示。由此可看出，虽然目标的真实距离为 R_0，但因电磁波传播是弯曲的弧线，故所测得的回波延迟时间 $t_R = 2R / c$，从而产生测距误差［式（1-17）］，以及测仰角的误差 $\Delta \beta$。

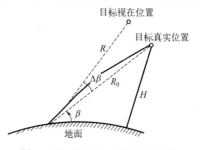

图 1-115　大气中电磁波的折射

$$\Delta R = R - R_0 \tag{1-17}$$

测距误差 ΔR 的大小与大气对电磁波的折射率有直接关系。若已知折射率与高度的关系，就可以计算出不同高度和距离的目标上，由于大气折射所产生的距离误差，从而给测量值以必要的修正。

当目标距离越远、高度越高时，由折射引起的测距误差 ΔR 也越大。例如，在一般大气条件下，当目标距离为 100km，仰角为 0.1rad 时，测距误差为 16m。

这两种误差——由折射引起的测距误差和测仰角的误差，均是由雷达外部因素造成的，故称为外界误差。值得注意的是，无论采用何种测距方法都无法避免这些误差，因此只能根据具体情况采取一些校准措施来尽量减小这些误差的影响。

3）距离分辨率和测距范围

距离分辨率是指在同一方向上，两个大小相等的点目标之间的最小可区分距离。在显示器上测距时，分辨率主要取决于回波的脉冲宽度 τ，同时也和光点直径 d 所代表的

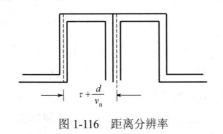

图 1-116　距离分辨率

距离有关。距离分辨率如图 1-116 所示，两个点目标回波的矩形脉冲之间间隔为 $\tau + d/v_n$，其中，v_n 为光点扫掠速度（单位：cm/μs），这是距离可分的临界情况，此时定义距离分辨率 Δr_c 为

$$\Delta r_c = \frac{c}{2}\left(\tau + \frac{d}{v_n}\right)$$

在电子方法或自动测距中，距离分辨率主要由脉冲宽度 τ 或波门宽度 τ_e 决定。通常，脉冲宽度越窄，距离分辨率就越好。对于复杂的脉冲压缩信号，雷达信号的有效带宽 B 成为决定距离分辨率的关键因素，有效带宽越大，距离分辨率就越好。距离分辨率 Δr_c 可表示为

$$\Delta r_c = \frac{c}{2B}$$

测距范围包括最小可测距离和最大单值测距范围。所谓最小可测距离，是指雷达能测量的最近目标的距离。由于脉冲雷达收发共用天线，在发射脉冲宽度 τ 时间内，接收机和天线馈线系统间是"断开"的，无法正常接收目标回波。发射脉冲结束后，天线收发开关需要一段时间 t_0 恢复到接收状态，此时，雷达无法正常接收回波信号，因此难以进行测距。因此，雷达的最小可测距离为

$$R_{min} = \frac{1}{2}c(\tau + t_0)$$

雷达的最大单值测距范围由其脉冲重复周期 T_r 决定。为保证雷达能够满足单值测距的要求，通常应选取

$$T_r \geq \frac{2}{c}R_{max}$$

其中，R_{max} 为被测目标的最大探测距离。

然而，有时雷达不能满足单值测距的要求，例如，在脉冲多普勒雷达或远程雷达中，目标回波对应的距离 R 为

$$R = \frac{c}{2}(mT_r + t_R) \tag{1-18}$$

其中，m 为正整数，t_R 为测得的回波信号与发射脉冲之间的延迟时间。此时，雷达测距时将产生测距模糊，为了得到目标的真实距离 R，必须判明式（1-18）中的模糊值 m。

4）实现方法

机载火控雷达一般采用距离门的方法来测定目标回波的延迟时间。它将一个发射周期等分为 N 个小单位时间（通常等于最小发射脉冲宽度），每个小单位时间称为距离单元或距离门，如图 1-117 所示。一旦测得包含目标回波脉冲的距离门，目标的距离就可由该距离门的序号与单位时间的乘积来计算。采用数字信号处理时，接收机输出的视频回波信号会按照距离单位的顺序逐个采样。采样后的每个距离门的回波信号幅度变换为二进制数字量，并存入距离矩阵存储器，即"距离仓"中。

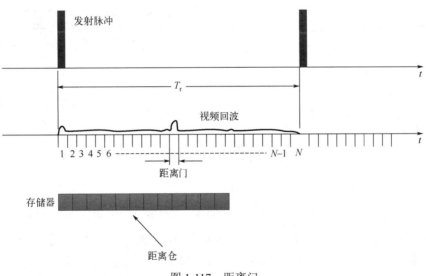

图 1-117　距离门

1.4.2　调频法测距

在利用调频法测距中，发射和接收之间的时间延迟被转化成频率差。通过测量该频率差可以确定时间延迟，从而计算出目标距离。最简单的测距过程如下：发射机的发射频率以恒定的速率线性增加，这意味着每个相继发射的脉冲频率都略有提升。线性调制的持续时间需要至少是最远目标往返传输时间的几倍，以确保能够准确测量到所有目标的距离。利用调频法测距的示意图如图 1-118 所示。

频率差与往返传输时间成正比，如图 1-119 所示。在频率图中，发射机频率线上的

点代表每一个发射脉冲，每个这样的点与代表目标回波的点之间的水平距离即为往返传输时间。在垂直方向上，目标回波点与发射机频率线之间的垂直距离为频率差 Δf。频率差 Δf 等于发射机频率的变化率乘以往返传输时间。因此，通过测量频率差并除以发射机频率的变化率，就可得到往返传输时间。

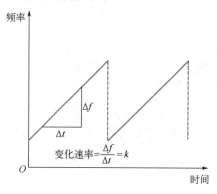

图 1-118 利用调频法测距的示意图

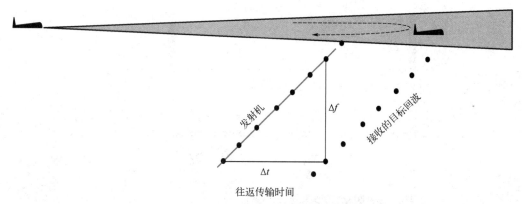

图 1-119 频率差与往返传输时间成正比

发射机产生连续高频等幅波，其发射频率随时间线性变化。目标回波信号与发射机信号在混频器内混合，由于无线电波传播到目标并返回天线的时间延迟，发射机的发射频率较回波频率已有了变化，因此在混频器输出端产生了差频电压。此差频电压经过放大和限幅处理后，被送到频率计上进行测量。通过频率计读出的频率差，可以计算出目标距离。调频连续波雷达组成原理框图如图 1-120 所示。

例如，假定测量到的频率差是 10000Hz，发射机的发射频率正以 10Hz/μs 的速率增加，则传输时间为

$$t_r = \frac{10000\text{Hz}}{10\text{Hz/μs}} = 1000\text{μs}$$

因为 12.4μs 的往返传输时间对应于 1 海里的距离，所以目标的距离等于约为 81 海里。实际上，由于距离变化率极少为零，因此雷达调频测距的过程比较复杂。

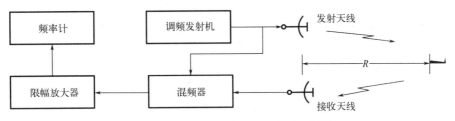

图 1-120 调频连续波雷达组成原理框图

频率差与多普勒频率的关系如图 1-121 所示。机载火控雷达以频率线性递增的方法测量目标距离，频率线性变化的斜率为 k。现有一个目标正以一定的速度接近载机，由于二者相对运动导致的多普勒频率为 f_d，频率计测得的目标回波频率差为 Δf，此时，可以用频率计测到的 Δf 与多普勒频率 f_d 之和来求正确的往返传输时间。

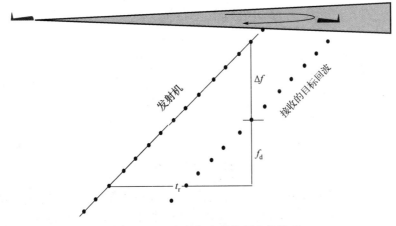

图 1-121 频率差与多普勒频率的关系

测量目标的多普勒频率通常有两种方法。第一种方法是在频率线性调制周期结束时，雷达中断频率调制，转而以恒定频率发射。此时，回波频率与发射频率的频差即为多普勒频率。测量目标的多普勒频率的方法如图 1-122 所示。通过测量该频率差，并将其加到上升段测得的频差上，可以得到目标回波的实际频率，进而计算出往返传输时间；另一种方法是通过一个双斜率调制周期

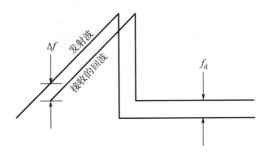

图 1-122 测量目标的多普勒频率的方法

来抵消多普勒频率。双斜率调制如图 1-123 所示。双斜率调制周期的第一个斜率等于之前的上升频率斜率。当频率到达最高点时，它开始以同样的速率下降，直到再次达到起始频率。这种方法允许雷达在不受多普勒频率影响的情况下测量往返传输时间。

当目标正在靠近时，会产生一个正的多普勒频率 f_d。在频率上升段和下降段，经过时间 t_r 后，到达接收的回波时刻。如果不考虑多普勒频率，测得的频率差 $\Delta f = kt_r$。实际

上，在上升段，回波频率低于接收时刻发射功率；在下降段，回波频率高于接收时刻发射功率。频率计测得的频率差是正数，那么在上升段，由于目标运动使得频率差 Δf 比真实距离导致的频率差（kt_r）小 f_d（$\Delta f = kt_r - f_d$）；在下降段，频率差 Δf 比真实距离导致的频率差（kt_r）大 f_d（$\Delta f = kt_r + f_d$），k 是频率增加的斜率，即

$$\Delta f_1 = kt_r - f_d$$
$$\Delta f_2 = kt_r + f_d$$
$$\Delta f_1 + \Delta f_2 = 2kt_r + 0$$
$$t_r = \frac{\Delta f_1 + \Delta f_2}{2k}$$

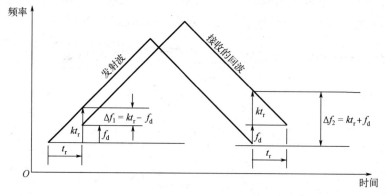

图 1-123 双斜率调制

　　用双斜率调制周期测距时，可能存在的一个问题是如果在雷达测距的方向上有两个目标同时被探测到，那么在频率调制的上升段和下降段将各有两个频率差，如图 1-124 所示。上升段的频率差为 A、B，下降段的频率差为 x、y。此时，如果没有其他附加信息，雷达无法判断 A 究竟是与 x 配对还是与 y 配对。两个目标同时被探测可能引起的虚影如图 1-125 所示。虚影问题可以通过在调制周期内增加第 3 段来解决如图 1-126 所示，第 3 段的频率恒定不变，多普勒频率可以被单独测量。

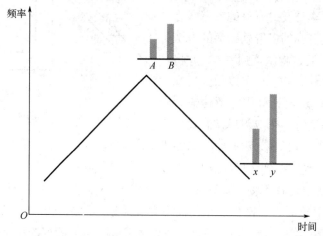

图 1-124 在频率调制的上升段和下降段将各有两个频率差

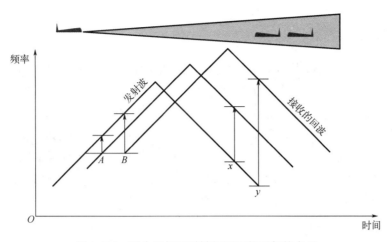

图 1-125　两个目标同时被探测可能引起的虚影

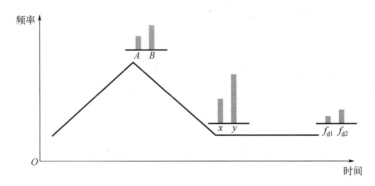

图 1-126　虚影问题可以通过在调制周期内增加第 3 段来解决

在已知多普勒频率时，通常容易得到 A、B 与 x、y 正确的配对方式。此时，将二者的频率差相减，往返传输时间将被抵消，最终得到 2 倍的多普勒频率，即

$$\Delta f_2 = kt_r + f_d$$

$$\Delta f_1 = kt_r - f_d$$

$$\Delta f_2 - \Delta f_1 = 0 + 2f_d$$

因此，通过从 x（或 y）中减去 A（或 B）并把结果与所测的多普勒频率进行比较，可以在两种可能的配对中，判断哪一对是正确的。

根据两个多普勒频率差解决虚影问题如图 1-127 所示。如果（$x-A$）是所测多普勒频率的 2 倍，$x-A=2f_{d1}$，那么正确的配对方式应当为 x 对应于 A，y 对应于 B。否则，y 对应于 A，x 对应于 B。

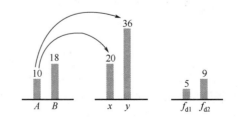

图 1-127　根据两个多普勒频率差解决虚影问题

1.4.3 距离模糊

PRF 决定了雷达的最大不模糊距离和多普勒频率范围。距离模糊现象发生在雷达所探测目标的往返时间超过脉冲重复周期的情况下。如果往返时间小于脉冲重复周期，则不会出现距离模糊现象，可以用脉冲延迟测距的方法。然而，当往返时间超过脉冲重复周期时，即一个脉冲的回波只有在下一个脉冲被发射后才会被接收到，此时会出现虚假回波现象。这种虚假回波显示的距离比实际距离更短。距离模糊现象如图 1-128 所示。例如，如果脉冲重复周期对应的距离为 50 海里，而目标的实际往返时间对应的距离为 60 海里，则目标距离将错误地显示为 10 海里。

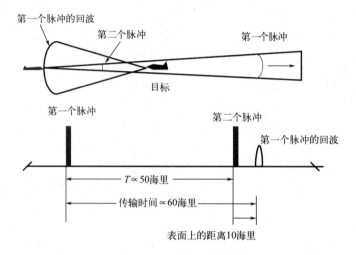

图 1-128　距离模糊现象

此时，目标的真实距离无法直接确定，如图 1-129 所示，即没有一种直接的方法可告知目标的真实距离是 10 海里，是 60 海里，还是 110 海里。

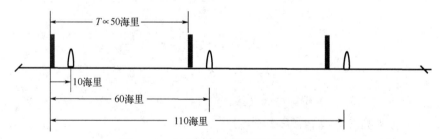

图 1-129　目标的真实距离无法直接确定

在 PRF 已经确定时，单程回波能被接收到的最远距离称为最大不模糊距离。如果脉冲往返时间等于脉冲重复周期，则对应的距离就是最大不模糊距离，即

$$R_{\mathrm{u}} = \frac{cT}{2} = \frac{c}{2f_{\mathrm{r}}}$$

通常有经验公式 R_{u}（单位：海里）等于 80 除以 PRF（单位：kHz），即 $R_{\mathrm{u}} = 80/f_{\mathrm{r}}$。例

如，若 $f_r = 10\text{kHz}$，则 $R_u = 80/10 = 8$ 海里。在米制单位中，R_u 等于 150km 除以 PRF（单位：kHz）。PRF 和最大不模糊距离的对应关系如图 1-130 所示，曲线下面的区域包含目标观测距离不模糊的各种 PRF 与距离的组合（假定距离目标一次反射以外的所有波动均可被忽略或有效抑制）。

从以上可知，为了提高 R_u，需要降低 PRF 的值，即需要增大脉冲重复周期 T。随着 T 的增大，不模糊距离也增大，但这会导致积累脉冲数减少，从而降低目标发现概率。因此，通过增大 T 来提高最大不模糊距离与提高目标发现概率之间存在矛盾。所以，只有在发现目标时，才可能存在解距离模糊的操作。也就是说，在选择 T 时，首先要确定 T 值能满足雷达探测

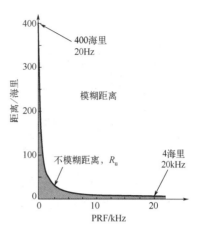

图 1-130　PRF 和最大不模糊距离的对应关系

距离的要求，即能够发现目标，然后再在此基础上，考虑如何提高最大的不模糊距离的问题。

一般地，LPRF 对应较大的最大不模糊距离。PRF 的"高""低"是相对概念，而非绝对概念，如图 1-131 所示。对于一个 4kHz 的 PRF，如果目标距离在 20 海里以内，则 20kHz 为 LPRF，否则，20kHz 为 HPRF。

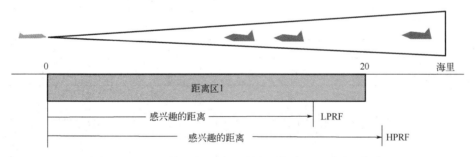

图 1-131　PRF 的"高""低"是相对概念，而非绝对概念

解距离模糊的方法通常包括 PRF 切换法、余数定理和"舍脉冲"法。

1. PRF 切换法

PRF 切换法的基本原理是计算随着 PRF 的变化，目标视在距离变化的值。

例如，若 PRF = 8kHz，此时 $R_u = 80/8 = 10$ 海里。然而，如果雷达的任务是探测距离在 48 海里以外的目标，即目标距离约为 R_u 的 5 倍。此时，雷达该如何准确获取目标距离？由于所有目标的视在距离位于 0～10 海里，将一个脉冲重复周期内的距离分割成 40 份，每一份称为一个距离仓，每个距离仓代表 1/4 海里的距离增量。距离仓如图 1-132 所示。

如果目标在第 24 个距离仓被探测到，如图 1-133 所示。仅仅基于这个信息，只能判断目标可能位于下列其中某个距离处。

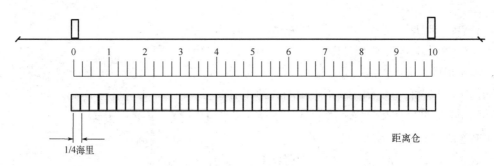

图 1-132　距离仓

6 海里

10+6 = 16 海里

10+10+6 = 26 海里

10+10+10+6 = 36 海里

10+10+10+10+6 = 46 海里

10+10+10+10+10+6 = 56 海里

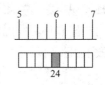

图 1-133　目标在第 24 个距离仓被探测到

为了确定这些距离中哪个是真实距离，此时切换到第二个 PRF。变化 PRF 使 R_u 增加 1/4 海里，如图 1-134 所示。

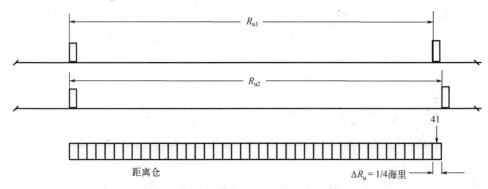

图 1-134　变化 PRF 使 R_u 增加 1/4 海里

在切换 PRF 后，目标视在距离的变化取决于目标的真实距离。如果目标的真实距离是 6 海里，切换对视在距离没有影响，目标仍然在第 24 个距离仓内；如果目标的真实距离大于 R_u，在每个 R_u 的整数倍处，由于 PRF 的切换会引起视在距离减少 1/4 海里，如图 1-135 所示。

图 1-135　真实距离大于 R_u

例如，真实距离大于 R_u 如图 1-135 所示。$R_{u1} = 10$ 海里，$R_{u2} = 10.25$ 海里，假设目标真实距离为 36 海里，则目标的视在距离 $R_1 = 36 - 3 \times 10 = 6$ 海里，$R_2 = 36 - 3 \times 10.25 = 5.25$ 海里，或者 $R_2 = R_1 - 3 \times 1/4 = 5.25$ 海里。

目标的视在距离每减少 1/4 海里，目标会左移 1 个距离仓。在此例中，视在距离减少 3/4 海里，目标左移 3 个距离仓。因此，要计算目标的真实距离，首先需要确定目标移动的仓位数，然后将这个结果乘以 R_u，最后将得到的结果加上视在距离。

假设目标从第 24 个距离仓移动到第 21 个距离仓，向左移动了 3 个距离仓，若原来的视在距离是 6 海里，则目标的真实距离是 $3 \times 10 + 6 = 36$ 海里。

一般地，对于包含 R_u 在真实距离内的倍数 n，其大小等于切换 PRF 时视在距离的变化量除以不模糊距离的变化量，即

$$n = \Delta R_{视在} / \Delta R_u$$

此时，目标的实际距离为

$$R = nR_u + R_{视在}$$

当采用 PRF 切换法时，第二类虚影如图 1-136 所示。这种现象发生在两个目标处于相同的方位角和俯仰角时，且由于两者的速度接近以至于无法通过多普勒频率来区分两者的回波。当切换 PRF 时，一个或两个目标移动到不同的距离仓内，这时难以判断每个目标实际移动到了哪个距离仓。在这种情况下，每个目标都会出现两个可能的距离：一个是真实距离，另一个是虚影。

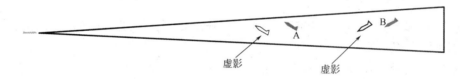

图 1-136　第二类虚影

当雷达以第一个 PRF 发射时，目标 A 在第 24 个距离仓（视在距离为 6 海里），目标 B 在第 26 个距离仓（视在距离为 6.5 海里）；当雷达切换到第二个 PRF 时，目标位于第 22 个距离仓和第 24 个距离仓内，但无法直接确定是目标 A 和目标 B 均左移 2 个距离仓，还是目标 A 原位不动，目标 B 左移 4 个距离仓。其中，可能出现的虚影如图 1-137 所示。

因此，每个目标都有两个可能的真实距离。如果目标 A 和目标 B 均左移 2 个距离仓，则其真实距离为

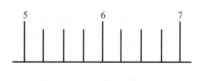

目标 A：$(2 \times 10) + 6 = 26$ 海里

目标 B：$(2 \times 10) + 6.5 = 26.5$ 海里

或者，如果目标 A 原位不动，目标 B 左移 4 个距离仓，则其真实距离为

目标 A：$(0 \times 10) + 6 = 6$ 海里

目标 B：$(4 \times 10) + 6.5 = 46.5$ 海里

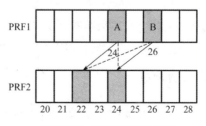

图 1-137　可能出现的虚影

在上述两对距离中有一对是虚影。添加第 3 个 PRF 识别虚影如图 1-138 所示。假定第 3 个 PRF 比第一个 PRF 高，R_u 可以减少 1/4 海里，也就是减少了一个距离仓（从 40 个距离仓变到 39 个距离仓）。

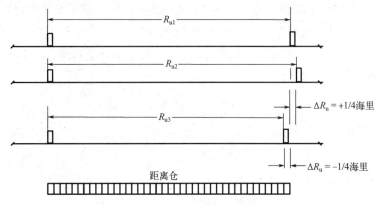

图 1-138　添加第 3 个 PRF 识别虚影

在使用第 3 个 PRF 时，如果目标的真实距离包含 R_u 的 n 倍，则目标将出现在使用第一个 PRF 时的仓位右边 n 个仓位处。该仓位与使用第二个 PRF 时目标左移的仓位数是相同的。

例如，如果切换到第 3 个 PRF，目标出现在第 26 个距离仓和第 28 个距离仓。问：哪一对距离是虚影？

对于第一种可能，即目标 A 和目标 B 的真实距离分别为 26 海里和 26.5 海里。假设这是真实的情况，即当切换到第二个 PRF 时，目标 A 和目标 B 均左移 2 个距离仓，对两个目标而言都是 $n=2$。当切换到第 3 个 PRF 时，相对于第一个 PRF，目标 A 和目标 B 均应右移 2 个距离仓，即为第 26 个距离仓和第 28 个距离仓。这与题目给出的条件相符，则另一对距离是虚影。第一种可能如图 1-139 所示。

反之，假设当切换到第 3 个 PRF 时，第一对距离是虚影，第二对距离是真实距离。此时，对于 6 海里，$n=0$，则目标 A 原位不动；对于 46.5 海里，$n=4$，则目标 B 向右移 4 个仓位，出现在第 30 个距离仓处。第二种可能如图 1-140 所示，这与题目给出的条件不符。

为了消除两个或更多同时被测目标的视在距离产生的可能虚影，必须对每个目标额外提供 PRF。因此，如果单个 PRF 足以识别距离模糊，则采用 N 个 PRF 的雷达就可对 $N-1$ 个的同时被测目标进行测距。然而，PRF 切换法中每增加一个 PRF 不仅会减少回波的积累时间（进而降低探测距离），还会增加系统的复杂性。因此，在实际应用中，需要权衡各方面条件来确定 PRF 的使用个数。

2．余数定理

通过采用多个高重复频率进行测距，不仅能获得更大的不模糊距离，还能兼顾跳开发射脉冲遮蚀的灵活性。下面举出采用 3 种高重复频率的例子来说明这一点。例如，取 $f_{r1}:f_{r2}:f_{r3}=7:8:9$，则不模糊距离是单独采用 f_{r2} 时的 $7\times9=63$ 倍。这时，在测距系统中可以利用几个模糊的测量值来解出其真实距离。具体操作可查我国的余数定理。以 3 种重复频率为例，真实距离 R_c 为

$$R_c \equiv (C_1 A_1 + C_2 A_2 + C_3 A_3) \bmod(m_1 m_2 m_3) \tag{1-19}$$

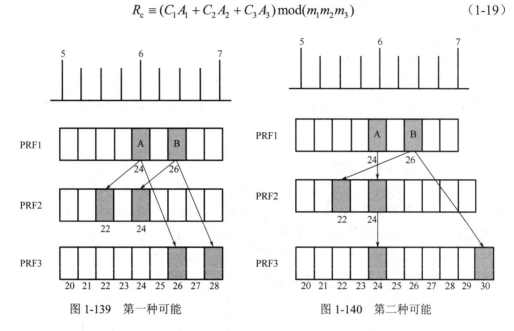

图 1-139　第一种可能　　　　　　图 1-140　第二种可能

A_1、A_2、A_3 分别为 3 种重复频率测量时的视在距离；$m_1 m_2 m_3$ 为 3 种重复频率的比值。常数 C_1、C_2、C_3 分别为

$$C_1 = b_1 m_2 m_3 \bmod(m_1) \equiv 1$$

$$C_2 = b_2 m_1 m_3 \bmod(m_2) \equiv 1 \tag{1-20}$$

$$C_3 = b_3 m_1 m_2 \bmod(m_3) \equiv 1$$

其中，最小的整数 b_1 与 $m_2 m_3$ 相乘后再被 m_1 除，所得余数为 1（b_2、b_3 同理），mod 表示"模"。当 m_1、m_2、m_3 选定后，便可确定 C 值，并利用探测到的模糊距离直接计算真实距离 R_c。

例如，设 $m_1 = 7$，$m_2 = 8$，$m_3 = 9$；$A_1 = 3$，$A_2 = 5$，$A_3 = 7$，则

$$m_1 m_2 m_3 = 504$$

$$b_3 = 5 \quad 5 \times 7 \times 8 = 280 \bmod 9 \equiv 1，\quad C_3 = 280$$

$$b_2 = 7 \quad 7 \times 7 \times 9 = 441 \bmod 8 \equiv 1，\quad C_2 = 441$$

$$b_1 = 4 \quad 4 \times 8 \times 9 = 288 \bmod 7 \equiv 1，\quad C_1 = 288$$

根据式（1-19），有

$$C_1 A_1 + C_2 A_2 + C_3 A_3 = 5029$$

$$R_c = 5029\,\text{mod}(504) = 493$$

得到目标真实距离（或称不模糊距离）的单元数为 $R_c = 493$，不模糊距离 R 为

$$R = R_c \frac{c\tau}{2} = \frac{493}{2}c\tau$$

其中，τ 为距离分辨单元所对应的脉冲宽度。

当 PRF 选定（即 $m_1 m_2 m_3$ 值已定）时，即可按式（1-20）求得 C_1, C_2, C_3 的数值。在实际测距过程中，只要分别测得 A_1, A_2, A_3 的值，就可按式（1-19）算出目标的真实距离。

3. "舍脉冲"法

当发射高重复频率的脉冲信号而产生测距模糊时，可采用"舍脉冲"法来判断 m 值。所谓"舍脉冲"，就是在每发射 M 个脉冲中舍弃一个，作为发射脉冲串的附加标志。"舍脉冲"法解距离模糊如图 1-141 所示，发射脉冲从 A_1 到 A_M，其中 A_2 不发射。与发射脉冲相对应，接收到的回波脉冲同样是每 M 个回波脉冲中缺少一个。从 A_2 之后，逐个累计发射脉冲数，直到某一发射脉冲（图中是 A_{M-2}）后没有回波脉冲（图中缺少 B_2）时停止计数，则累计的数值就是回波脉冲跨越的重复周期数 m。

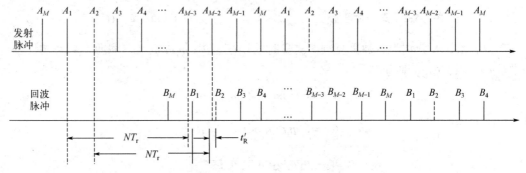

图 1-141 "舍脉冲"法解距离模糊

采用"舍脉冲"法解距离模糊时，每组脉冲数 M 应满足以下关系，即

$$MT_r > m_{max}T_r + t'_R$$

其中，m_{max} 是雷达测量的最远目标所对应的跨周期数；t'_R 的值在 $0 \sim T_r$ 之间。这就是说，MT_r 的值应保证全部距离上能够不模糊测距，M 与 m_{max} 之间的关系为

$$M > m_{max} + 1$$

1.4.4 距离跟踪

1. 人工距离跟踪

早期雷达多数只有人工距离跟踪。为了减小测量误差，采用移动的电刻度作为时间基准。操纵员按照显示器上的画面，将电刻度对准目标回波。电刻度及其在扫掠线

上的位置如图 1-142 所示。从控制器度盘或计数器上读出移动电刻度的准确时延，就可以代表目标的距离。因此，产生移动的电刻度（电指标）是关键，且其延迟时间能够准确读出。常用的产生电指标的方法包括锯齿电压波法和相位法。

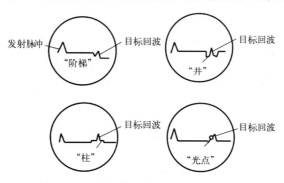

图 1-142　电刻度及其在扫掠线上的位置

1）锯齿电压波法

锯齿电压波法产生电指标的方框图和波形图如图 1-143 所示。来自定时器的触发脉冲使锯齿电压产生器产生的锯齿电压 E_t 与比较电压 E_p 一同加到比较电路上。当锯齿波上升到 $E_t = E_p$ 时，比较电路会发送一个信号到脉冲产生器，使之产生一窄脉冲。这个窄脉冲可以控制一级移动指标形成电路，从而形成一个所需形式的电指标。在最简单的情况下，脉冲产生器产生的窄脉冲本身可以作为电指标（例如光点式电指标）。锯齿电压波的上升斜率确定后，电指标的产生时间就由比较电压 E_p 决定。为了精确地读出电指标产生的时间 t_r，可以从线性电位器上取出比较电压 E_p，此时 E_p 与线性电位器旋臂的角度位置 θ 为线性关系，即

$$E_p = K\theta$$

其中，比例常数 K 与线性电位器的结构及其所加电压有关。因此，如果将线性电位器旋臂的角度盘按距离分度，可以直接从度盘上读出电指标对应的回波所代表的目标距离。锯齿电压波法产生电指标的优点是其设备简单，电指标的活动范围大且不受频率限制，缺点是其测距精度仍然不足，精度较高的方法是使用相位法产生电指标。

2）相位法

正弦波经过放大、限幅和微分处理后，在其相位为 0 和 π 的位置上分别产生正、负脉冲。若再经过单向削波处理，则可以得到一串正脉冲。这个正脉冲，对应于基准正弦的零相位，通常称为基准脉冲。相位法产生电指标如图 1-144 所示。当将正弦电压输入到一级移相电路时，移相电路能够使正弦波的相位在 0～2π 范围内连续变化。因此，经过移相的正弦波产生的脉冲也将在正弦波周期内连续移动，这个脉冲称为延迟脉冲，即所需要的电指标。正弦波的相移可以通过外界的某种机械信号进行控制。通过调整机械转角，可以使机械转角 θ 与正弦波的相移角之间建立良好的线性关系。这样，通过改变机械转角 θ 而使延迟脉冲在 0～T 范围内任意移动。

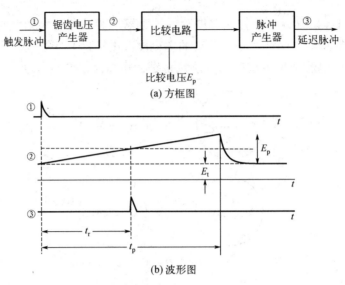

(a) 方框图

(b) 波形图

图 1-143 锯齿电压波法产生电指标的方框图和波形图

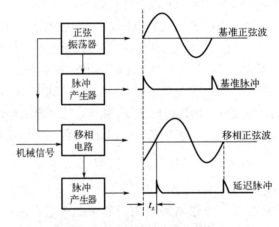

图 1-144 相位法产生电指标

常用的移相电路由专门制作的移相电容或移相电感来实现。这些元件能使正弦波在 $0\sim2\pi$ 范围内连续移相且相移角与转角为线性关系，其输出的相移正弦波振幅为常数。

利用相位法产生电指标时，因为机械转角 θ 与输出电压的相移角有良好的线性关系，从而提高了延迟脉冲的准确性。然而，其缺点是输出幅度受正弦波频率的限制。正弦波频率 ω 越低，移相器的输出幅度越小，延迟时间的准确性也越差。这是因为 $t_z = \varphi / \omega$，$\Delta t_z = \Delta\varphi / \omega$，其中，$\Delta\varphi$ 是移相器的结构误差，Δt_z 是延迟时间的误差。所以，一般正弦波的频率不应低于 15kHz，即相位法产生的电指标的移动范围在 10km 以内。这显然不能满足雷达工作的需要。为了既保证延迟时间的准确性又有足够大的延迟范围，可以采用复合法产生电指标。

所谓复合法产生电指标，是指利用锯齿电压波法产生粗测的移动波门，而用相位法产生精测电指标。粗测移动波门可以在雷达所需的整个距离量程内移动，而精测电指标只在粗测移动波门相应的距离范围内移动。这样，粗测移动波门扩大了电指标的延迟范围，精测电指标则保证了延迟时间的精确性，提高了雷达的测距精度。

2. 自动距离跟踪

自动距离跟踪系统能够保证电指标自动跟踪目标回波并连续给出目标的距离数据。自动距离跟踪系统的简化方框图如图 1-145 所示，可以对目标进行搜索、捕获和自动跟踪。系统包括时间鉴别器、控制器和跟踪脉冲产生器 3 部分，显示器在系统中仅仅起监视目标的作用。

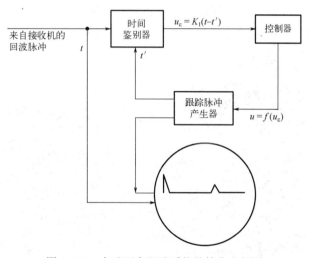

图 1-145　自动距离跟踪系统的简化方框图

图 1-145 中套住回波的二缺口表示电指标，又称为电瞄标志。假设空间中的一个目标已被雷达捕获，目标回波经接收机处理后成为具有一定幅度的视频脉冲并加到时间鉴别器上，同时加到时间鉴别器上的还有来自跟踪脉冲产生器的跟踪脉冲。自动距离跟踪时所用的跟踪脉冲和人工测距时的电指标本质一样，都要求延迟时间在测距范围内均匀可变，且能精确读出其延迟时间。在自动距离跟踪时，跟踪脉冲的另一路和回波脉冲一起加到显示器上，以便观测和监视。时间鉴别器的作用是将跟踪脉冲与回波脉冲在时间上加以比较，鉴别出它们之间的差为 Δt。设回波脉冲相对于基准发射脉冲的延迟时间为 t，跟踪脉冲的延迟时间为 t'，则时间鉴别器输出误差电压 u_ε 为

$$u_\varepsilon = K_1(t - t') = K_1 \Delta t$$

当跟踪脉冲与回波脉冲在时间上重合，即 $t' = t$ 时，输出误差电压为零。两者不重合时将输出误差电压 u_ε，其大小与时间的差值成正比，而其正、负由跟踪脉冲是超前还是滞后于回波脉冲而定。控制器的作用是将误差电压 u_ε 经过适当的变换，将其输出作为控制跟踪脉冲产生器工作的信号，其结果是使跟踪脉冲的延迟时间 t' 朝着减小 Δt 的方向变化，直到 $\Delta t = 0$ 或达到其他稳定的工作状态。上述自动距离跟踪系统是一个闭环随动的

系统，输入量是回波脉冲的延迟时间 t，输出量是跟踪脉冲的延迟时间 t'，t' 随着 t 的改变而自动变化。

1.5　目标角度测量

1.5.1　概述

为了确定目标的空间位置，雷达在大多数情况下，不仅要测定目标的距离，还要测定目标的方向，即测定目标的角坐标，其中包括目标的方位角和高低角（仰角）。

雷达测角的物理基础是电磁波在均匀介质中传播的直线性和雷达天线的方向性。电磁波的直线传播示例如图 1-146。

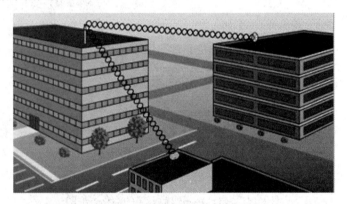

图 1-146　电磁波的直线传播示例

由于电磁波在均匀介质中沿直线传播，因此通常认为目标散射或反射电磁波前到达的方向即为目标所在的方向。但在实际情况下，电磁波的传播介质并不理想，例如大气密度的变化、湿度的垂直分布不均匀，以及复杂地形和地物的存在，都可能导致电磁波传播路径发生偏折，从而产生测角误差。在近距离测角时，由于此误差不大，仍可近似认为电磁波是直线传播的。但当远程测角时，应根据传播介质的情况，对测量数据（主要是仰角的测量）做出必要的修正。

天线的方向性可以通过波束宽度来表示，波束宽度越小，天线的方向性越好，在此方向上实现的增益 G_t 就越大。

1.5.2　脉冲雷达角度跟踪系统

脉冲雷达角度跟踪系统将目标偏离天线轴线的误差角形成角误差控制信号，以此来控制天线在方位与俯仰两个方向上对准目标，实现对目标的跟踪。

1. 天馈系统与和、差信号的形成

单脉冲跟踪雷达通常采用短焦距抛物面的卡塞格伦天线，这种天线纵向尺寸小，馈

源接近抛物面顶点，因此馈源至接收机的馈线短，因而损耗及振幅、相位不平衡带来的测角误差小。早期的单脉冲跟踪雷达采用四喇叭馈源 a、b、c、d。这些源辐射体与高频网络相连，将发射机的功率馈给天线，又作为接收馈源接收目标回波信号，经高频网络 4 个双 T 得到 1 路和信号和 2 路差信号。典型的单脉冲跟踪雷达原理框图如图 1-147 所示。四喇叭产生的 4 个波束彼此成一小角度。喇叭 a、b 及喇叭 c、d 所接收的信号分别经过 T1、T2 得到和信号 $(a+b)$、$(c+d)$ 及差信号 $(a-b)$、$(c-d)$，2 路和信号再在 T3 中得到 $(a+b+c+d)$ 及 $(a+b)-(c+d)$。2 路差信号经 T4 得到 $(a+c)-(b+d)$。和信号 $(a+b+c+d)$ 经接收放大、检波后输送到距离跟踪系统，差信号 $(a+c)-(b+d)$ 表示方位误差，差信号 $(a+b)-(c+d)$ 表示俯仰角误差，分别输送到方位和俯仰角接收机。

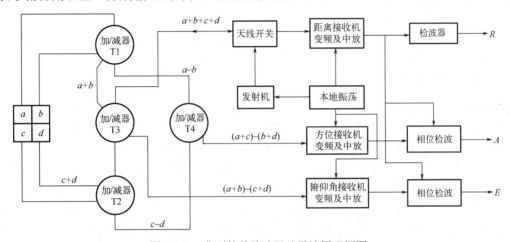

图 1-147　典型的单脉冲跟踪雷达原理框图

雷达发射机产生的脉冲功率，先由 T3 分成两个相等的部分，然后这两部分再分别由 T1、T2 分为相等的两部分（即 1/4 功率），这 4 个相等的部分同时馈给喇叭 a、b、c、d 辐射出去。4 个波束辐射出去的功率在空间相加的结果等同于由一个天线辐射出去的功率。发射功率先分后合的方法是为了适应接收时的高频网络系统的要求，单脉冲跟踪雷达的馈源和高频网络系统既要承受强辐射功率的传输，又要适应微弱接收信号的传送，其设计要求必然苛刻，这是四喇叭方式的缺点之一。为了克服这一缺点及四喇叭方式的其他弱点，现在的单脉冲跟踪雷达几乎都改用五喇叭方式，即使用 1 个喇叭发射，5 个喇叭接收。与四喇叭相比，五喇叭馈源除可以使天线获得较高的和增益和差波束斜率外，还可以减小天线焦距与口径比，质量轻、遮挡小，而且高频网络系统只在和支路中需要用到高功率微波元件。

2. 角误差信号的产生

由于 4 个喇叭相距一定的距离，且每对差波束彼此偏移了一个角度，因此方位误差信号的幅度及极性（振幅法）和相移的大小及符号（相位法）都与目标偏离天线轴线的方位偏差有直接关系，这是和、差法误差信号的主要特征。然而，差波束 4 个喇叭彼此不会相距很远，因此方位偏差产生的相位变化不大。

当方位或俯仰角上的偏轴方向改变时，接收机输出的中频信号也反相（相位变化180°），而喇叭分置所带来的相移也随误差角的变化而变化。为了将这种相位的反向变化变成极性不同的直流电压，将相移大小变成不同幅度的直流电压，采用余弦特征的相位检波器进行检测，其参考电压为和支路的"和信号"。当误差信号和参考电压相位相差为零时，输出为正最大值；相位相差为180°时，输出为负最大值；相位相差为90°时，输出为零。对于和、差（振幅-相位法）法工作的系统，一般相移不起抵消直流电压的作用，而是极大地控制电压，此时必须将误差信号或参考电压在进入相位检波器之前先进行90°的相移。

3. 单脉冲雷达跟踪系统接收信道的类型和特点

典型的单脉冲雷达跟踪系统采用3路信道，分别用来处理和信号、方位角误差信号及俯仰角误差信号。它能充分利用天馈系统所获得的信息，得到较高的跟踪精度。3路信道单脉冲雷达跟踪系统原理框图如图1-148所示。

3路信道应保持相同的振幅和相位特性，即3路信道的一致性要好。同时，为了保持振幅特性的一致且对角误差信号实现归一化处理，需要采用严格的自动增益控制系统对其进行控制。利用和支路的自动增益控制（Automatic Gain Control，AGC）电压分别对一和两差3路信道进行归一化处理。将归一化后的角偏差信号送往解调器，与微波调制器送来的参考电压进行相关解调，从而获得角偏差电压，并送往伺服系统。天线随动系统将角误差信号放大、校正后，利用驱动电机带动天线对准目标。跟踪测量雷达有方位和俯仰角两个机械轴，分别用方位角误差信号和俯仰角误差信号进行控制，使得输出角能够准确跟随输入角的变化。

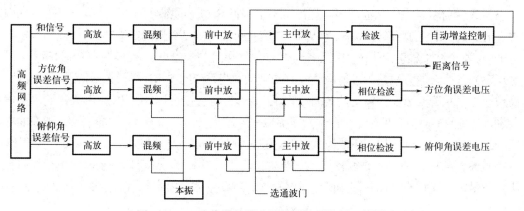

图1-148　3路信道单脉冲雷达跟踪系统原理框图

1.5.3　角度测量

为了完成对高速运动空间目标的测量任务，系统必须确保天线能够随时对准目标，并实现对目标角度的自动跟踪。在实现对目标角度的跟踪与测量时，基本方法主要分为相位法和振幅法。其中，振幅法进一步分为最大信号法测角和等信号法测角。

1. 利用相位法测角

1）基本原理

多个天线所接收回波信号之间的相位差如图 1-149 所示。利用相位法测角如图 1-150 所示，若在 θ 方向上有一远区目标，回波信号 $\cos(2\pi f_0(t-t_r)+\varphi_0)$ 先到达天线 1，然后到达天线 2。由于到达时间的不同，两个天线接收到的信号相

图 1-149　多个天线所接收回波信号之间的相位差

位也不同，这是因为 t_{r1} 和 t_{r2} 不同，导致 $\cos(2\pi f_0(t-t_r)+\varphi_0)$ 中的相位也不同。换句话说，对于不同的传播距离 R，t_r 是不同的，并且对应着不同的回波信号相位。当两个天线的间距为 d 时，接收到的信号由于存在波程差 ΔR，会产生一个相位差 ϕ，即

$$\phi = \frac{2\pi}{\lambda}\Delta R = \frac{2\pi}{\lambda}d\sin\theta \tag{1-21}$$

其中，λ 为雷达的工作波长。若用相位计进行比相操作，能够测出其相位差为 ϕ，此时可以确定目标的方向 θ，即

$$\theta = \arcsin\left(\frac{\phi\lambda}{2\pi d}\right) \tag{1-22}$$

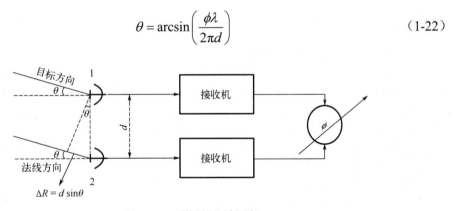

图 1-150　利用相位法测角

相位计测得的相位差 ϕ 的取值范围为 $[0,2\pi]$，但实际上，当 ϕ 取值为 $[\pi,2\pi]$ 时，其相当于 $[-\pi,0]$ 的范围。因此，对于计算有意义的相位差 ϕ 的取值范围实际上为 $[-\pi,\pi]$，角度 θ 的取值范围为 $[-\theta_{max},\theta_{max}]$，其中 $\theta_{max} = \arcsin(\lambda/d)$。当 d/λ 的值较小时，θ_{max} 的值会较大；换言之，d/λ 的值越小，θ_{max} 的值越大。这意味着短基线能够确保一个较大的无模糊测角范围；基线越短，测角范围越大，在此范围内的目标方向都能够被清晰地测量而不产生模糊。

2）测角误差与多值性问题

如果相位差 ϕ 测量不准确，将会导致测角误差，将式（1-21）两边取微分，可以得到如下关系式，即

$$d\phi = \frac{2\pi}{\lambda} d \cos \theta d\theta \qquad (1-23)$$

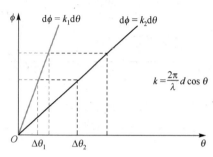

图 1-151 增大 d/λ 可提高测角精度

由上式可知，当 $\theta = 0$ 时，即目标处于天线法线方向时，测角误差 $d\theta$ 最小。当 θ 增大时，$d\theta$ 也增大。为保证一定的测角精度，θ 的范围有一定的限制。此外，增大 d/λ 可提高测角精度，如图 1-151 所示，这意味着长基线能够保证较高的测角精度。

然而，长基线较高的测角精度与短基线所保证的较大的无模糊测角范围之间存在矛盾。因此，为了实现较大的无模糊测角范围和高的测角精度，需要采用多基线测角方法。

此外，由式（1-21）可知，在感兴趣的 θ 范围内，当 d/λ 增大到一定程度时，ϕ 值可能超过 2π，此时 $\phi = 2\pi N + \psi$，其中 N 为整数，ψ 为相位计的实际读数且 $\psi < 2\pi$。

举例说明，若

$$\phi = \frac{2\pi}{\lambda} \Delta R = \frac{2\pi}{\lambda} d \sin \theta = 4\pi \sin \theta$$

假设 $d/\lambda = 2$，则有

当 $\sin\theta = 1/4$（即 $\theta \approx 14.5°$）时，$\phi = \pi$；

当 $\sin\theta = 3/4$（即 $\theta \approx 48.6°$）时，$\phi = 3\pi$。

在这两种情况下，相位计的实际读数均为 π，这就引发了多值性（测角模糊）问题。具体来说，当相位计的实际读数为 π 时，若 $d/\lambda = 2$，则真实的相位差 ϕ 值可能是 π（对应 $\theta \approx 14.5°$）或 3π（对应 $\theta \approx 48.6°$）。这是因为 N 未知，导致真实的 ϕ 值无法确定，从而产生多值性（测角模糊）问题。由于为了提高测量精度而增大了 d/λ，此时必须解决多值性问题，即确定 N 的值，才能准确判定目标方向。

利用三天线相位法测角原理图如图 1-152 所示，间距大的 1、3 天线用来进行高精度的测量，而间距小的 1、2 天线用来解决多值性问题。设目标在 θ 方向上，天线 1、2 之间的距离为 d_{12}，天线 1、3 之间的距离为 d_{13}，选择 d_{12} 使天线 1、2 收到的信号之间的相位差在测角范围内均满足

$$\phi_{12} = \frac{2\pi}{\lambda} d_{12} \sin \theta < 2\pi \qquad (1-24)$$

其中，ϕ_{12} 由相位计 1 读出。

在选择较大的 d_{13} 时，天线 1、3 收到的信号之间的相位差为

$$\phi_{13} = \frac{2\pi}{\lambda} d_{13} \sin \theta = 2\pi N + \psi \qquad (1-25)$$

ϕ_{13} 实际读数是小于 2π 的 ψ，此时，为了确定 N 值，可利用如下关系，即

$$\frac{\phi_{13}}{\phi_{12}} = \frac{d_{13}}{d_{12}} \tag{1-26}$$

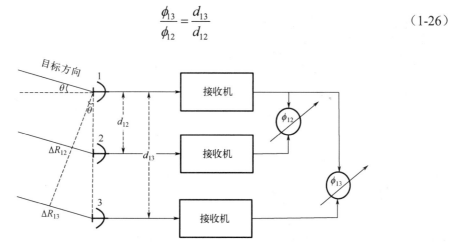

图 1-152　利用三天线相位法测角原理图

根据相位计 1 的读数 ϕ_{12} 可以计算出 ϕ_{13}，但 ϕ_{12} 包含有相位计的读数误差。由式（1-26）可知，计算的 ϕ_{13} 的误差为相位计误差的 d_{13}/d_{12} 倍，即只是式（1-25）的近似值。一般情况下，只要 ϕ_{12} 的读数误差值不大，就可用它确定 N，即将（d_{13}/d_{12}）乘以 ϕ_{12} 后再除以 2π，所得商的整数部分即为 N 值。接着由式（1-25）计算 ϕ_{13} 并确定 θ 的值。由于 d_{13}/λ 的值较大，因此保证了所要求的测角精度。

2．利用振幅法测角

振幅法测角是指利用天线接收到的回波信号的幅度来测角。雷达在方位和仰角上分辨目标的能力主要由方位和仰角波束宽度决定。方位和仰角波束宽度对雷达分辨能力的影响如图 1-153 所示，在图 1-153（a）中，两个处于同样几何距离上的相同目标 A 和目标 B 之间的间隔比波束宽度稍大一些，当目标被波束扫过时，雷达先从目标 A 接收回波，然后再从目标 B 接收回波，此时，很容易分辨这些目标；在图 1-153（b）中，同样两个目标的间隔小于波束宽度，当目标被波束扫过时，雷达仍然是先从目标 A 接收回波，但在停止这个目标接收回波之前，已经开始从目标 B 接收回波，此时，从两个目标接收的回波会混在一起。从表面上看，角度分辨率不会超过主瓣的零点至零点宽度，但实际上的分辨率要更好，这是因为分辨率不仅取决于波瓣宽度，还取决于波瓣内能量的分布情况。

主瓣扫过孤立目标时接收信号的强度如图 1-154 所示。当波瓣的前沿扫过目标时，回波弱得检测不到，但是其强度迅速增加；当波瓣的中央对准目标时，回波达到最大值；当波瓣的后沿扫过目标时，回波又弱得检测不到。

1）利用最大信号法测角

当天线波束进行圆周扫描或在一定的扇形范围内进行匀角速度扫描时，找出脉冲串的最大值（中心值），确定该时刻波束轴线的指向即为目标所在方向。利用最大信号法测角的波束扫描图和波形图如图 1-155 所示。

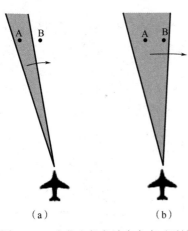

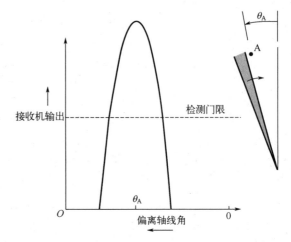

图 1-153　方位和仰角波束宽度对雷达
　　　　　分辨能力的影响

图 1-154　主瓣扫过孤立目标时接收信号的强度

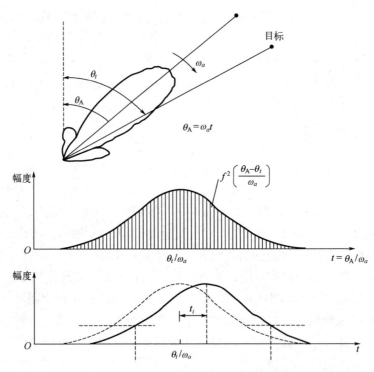

图 1-155　利用最大信号法测角的波束扫描图和波形图

　　在人工距离跟踪的雷达中，操纵员能够在显示器上观察到回波的最大值，同时可以读出目标的角度数据。最大信号法测角广泛应用于搜索、引导雷达中。最大信号法的优势在于其简单性和高效性。它利用天线方向图的最大值方向进行测角，使得回波信号达到最强，信噪比达到最高，这对于目标的检测和发现是非常有利的。最大信号法也存在一些局限性。首先，直接测量时其精度不够高。其次，其无法判断目标相对于波束轴线的偏离方向，故不能用于自动测角系统。

2）利用等信号法测角

利用等信号法测角的波束和 K 型显示器画面如图 1-156 所示。如果目标处于两个波束的交叠轴 OA 方向，则两个波束接收到的信号强度相等，故常常称 OA 为等信号轴，否则一个波束接收到的信号强度高于另一个波束。当两个波束接收到的回波信号相等时，等信号轴所指方向即为目标方向。

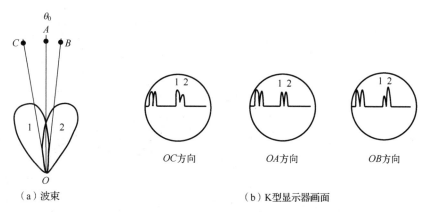

（a）波束　　　　　　　　　　（b）K型显示器画面

图 1-156　利用等信号法测角的波束和 K 型显示器画面

在图 1-156 中，两个波束可以同时存在，若用两套相同的接收系统同时工作，则称为同时波瓣法；两个波束也可以交替出现，使其中一个波束绕 OA 轴旋转，波束便按时间顺序在 1、2 位置交替出现，此时只用一套接收系统工作，则称为顺序波瓣法。

利用等信号法测角的优缺点如下。

优点：一是测角精度比最大信号法高；二是根据两个波束接收到的信号的强弱可判别目标偏离等信号轴的方向，便于自动测角。

缺点：一是测角系统较复杂；二是探测距离比最大信号法短。

1.6　目标速度测量

在很多应用雷达的场合，仅仅知道目标相对雷达的当前位置是不够的，还必须预测目标在未来某个时刻的位置，为此需要知道目标的速度。测量目标的速度通常有两种常用的方法。第一种方法为"距离微分法"，它基于被测距离随时间的变化来计算速率；第二种较优的方法为"多普勒方法"，它利用雷达测量目标的多普勒频率，而多普勒频率与速率成正比。

在本节中，将对上述两种方法进行简要的介绍，并介绍多普勒模糊度，以及如何解决多普勒模糊的问题。

1.6.1　距离微分法

距离-时间曲线如图 1-157 所示，曲线的斜率为速率，若求图中曲线的斜率，即求其距离变化率，即

$$\dot{R} = \frac{\Delta R}{\Delta t} \qquad\qquad (1\text{-}27)$$

其中，ΔR 为当前距离与 Δt 之前的距离之间的差，$\dot{R}$ 对应于当前的距离变化率。当 Δt 很小时，$\dot{R}$ 为曲线的斜率。在多普勒模糊度十分严重的情况下，雷达利用此方法测量距离变化率。

Δt 越小，所测距离变化率越接近真实速率，如图 1-158 所示，被测的距离变化率滞后于真实速率。

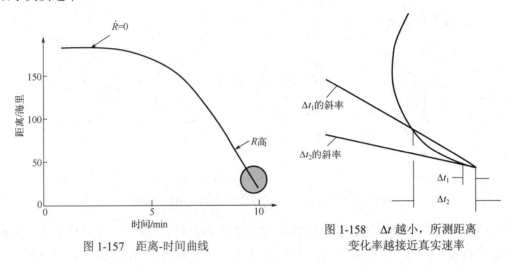

图 1-157　距离-时间曲线

图 1-158　Δt 越小，所测距离变化率越接近真实速率

在被测距离中会不可避免地出现一定量的随机错误或噪声。尽管这些噪声与距离相比可能很小，但其对 ΔR 的值还是有影响的。事实上，选择的 Δt 越小，ΔR 就越小，此时，噪声使速率测量的效果变得越差。

1.6.2　多普勒方法

1. 多普勒频移（又称多普勒频率）

当汽车向你驶来时，感觉汽车的音调变高；当汽车离你远去时，感觉汽车的音调变低（音调由频率决定，频率高则音调高，频率低则音调低）这就是多普勒频移的例子。

波源和观察者之间的相对运动，使观察者感受到频率的变化，这称为多普勒频移。波源的频率等于单位时间内波源发出的完全波的个数，而观察者听到的声音的音调是由观察者接收到的频率，即是由单位时间内接收到的完全波的个数决定的。

当波源和观察者相对介质都不动，即两者没有相对运动时，单位时间内波源发出几个完全波，观察者就接收到几个完全波，观察者接收到的频率等于波源的频率。

波源和观察者相对介质都不动，如图 1-159 所示，设波源频率为 20Hz，即波源 S 每秒能够发出 20 个完全波，此时，位于 A 点的观察者每秒能接收 20 个完全波。

波源相对介质不动，观察者朝向波源运动，如图 1-160 所示。波源 S 相对介质不动，观察者在 1s 内由 A 点运动到 B 点，此时，虽然波源仍发出 20 个完全波，但观察者却接收到 21 个完全波。

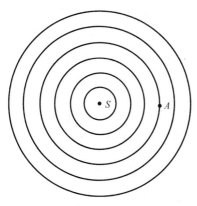

图 1-159　波源和观察者相对介质都不动

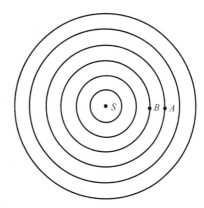

图 1-160　波源相对介质不动，
观察者朝向波源运动

观察者相对介质不动，波源远离观察者运动，如图 1-161 所示。观察者相对介质不动，波源由 S_1 运动到 S_2，此时，波源右边的波变得密集，波长变短，左边的波变得稀疏，波长变长。

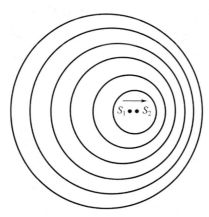

图 1-161　观察者相对介质不动，波源远离观察者运动

综上所述，当波源和观察者之间有相对运动时，如果两者相互接近，则观察者接收到的频率增大；如果两者相互远离，则观察者接收到的频率减小。

假设雷达发射机静止不动，发射机的脉冲发射周期为 T，脉冲波长为 λ，目标以 V_T 的速度接近雷达。计算相邻两个脉冲反射波之间的距离如图 1-162 所示，具体分为以下 5 个步骤。

步骤 1：将相邻两个脉冲反射波记为波 1 和波 2，开始时，发射机发射波 1，经过一个周期后发射波 2。在发射机发射波 2 的时刻，假设发射机所处位置为 A（波 2 的当前位置），波 1 所处位置为 B，则 A、B 之间的距离为 λ，如图 1-162 所示。

步骤 2：假设经过一段时间后，波 1 和目标相遇，相遇位置为 D。此时，波 2 所处位置为 C，则 C、D 之间的距离为 λ。

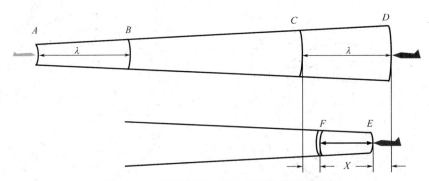

图 1-162   计算相邻两个脉冲反射波之间的距离

步骤 3：再经过一段时间 t 后，波 2 和目标相遇，相遇位置为 E。此时，波 1 的反射波所处位置为 F，E、F 之间的距离即为待求距离。

步骤 4：假设波 2 从 C 点到 E 点所经过的时间为 t（相对于飞机的速度，无线电波的速度很大，所以，可以将这个 t 近似看作为 T），此时目标从 D 点到 E 点所经过的时间也为 t，即 $CE+DE = CD$，即 $(\lambda / T + V_T)t = \lambda$。

步骤 5：经过相同的时间 t 后，波 1 的反射波和目标之间的距离为 $EF = DF-DE$，又因为 $DF = (\lambda / T)t$，所以 $EF = (\lambda / T - V_T)t = (\lambda / T + V_T)t - 2V_Tt = \lambda - 2V_Tt$。

在上面的计算过程中要记住两点。

（1）一般来说，波长只是飞机长度的一小部分。

（2）由于无线电波的速度是 3×10^8m/s，因此在给定的周期内，飞机飞行的距离与无线电波传播的距离相比微乎其微。

雷达发射机和目标同时运动时的多普勒频移如图 1-163 所示。当发射机发射波 1 时，雷达在 A 点；当发射机发射波 2 时，雷达前进到 B 点，使波长（两个发射波之间的间隔）为 $(\lambda - V_R T)$。其中，V_R 为雷达的速度，T 为发射波的周期。

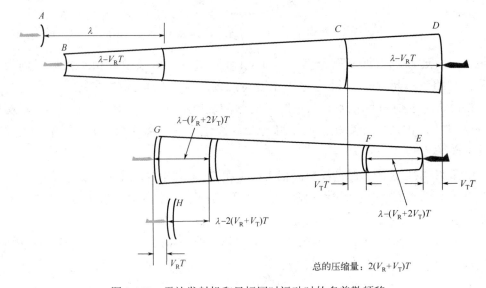

图 1-163   雷达发射机和目标同时运动时的多普勒频移

当目标反射波 1 时，目标在 D 点，此时波 2 在 C 点。当目标反射波 2 时，目标已经到达 E 点，这使得波 2 从 C 点到目标的距离缩短了 $V_T T$。

此时，波 1 的反射波已经传输了从 D 到 F 的距离，由于目标的前进，使已经被反射的波 1 与即将被反射的波 2 之间的间隔缩短了 $V_T T$。

当两个反射波向雷达返回时，它们的间隔等于 $(\lambda - V_R T - 2V_T T)$。

当雷达位于 G 点接收波 1 时，波 2 是从远方传来的已被压缩的波长。当雷达接收到波 2 时，雷达前进到 H 点。因此，在接收期间，雷达通过的距离为 $V_R T$，而波长由于雷达的移动还会进一步被压缩，这与发射时的情况相似。

总之，由于雷达发射机和目标的同时运动，观测到的波长的压缩量为两者速度之和乘以波的周期的 2 倍，即 $\lambda_d = 2(V_R + V_T)T$。所以，两者之间的多普勒频移为 $f_d = 2(V_R + V_T) / \lambda = 2(V_R + V_T)f / c$。

利用距离变化率来表示雷达和目标之间距离的相对变化情况，在此例中，有 $\dot{R} = -(V_R + V_T)$。这是由于雷达和目标作迎头运动，两者之间的距离在减小，则两者相对运动的多普勒频移为

$$f_d = -\frac{2\dot{R}}{\lambda}$$

现在，换个思路来计算雷达和目标之间的多普勒频移。雷达的发射信号可以表示为

$$S_t(t) = A\cos(2\pi f_0 t + \phi)$$

其中，A 为发射信号的振幅，f_0 为发射信号的频率，ϕ 为发射信号的初始相位，则其对应的目标回波信号为

$$S_r(t) = kS_t(t - t_r) = kA\cos(2\pi f_0(t - t_r) + \phi)$$

其中，$t_r = 2R/c$ 为回波信号滞后发射信号的时间，R 为目标距离，c 为无线电波的速度，k 为回波衰减系数。

如果目标静止不动，则 R 为常数。回波信号与发射信号之间有固定的相位差 $2\pi f_0 t_r = 4\pi f_0 R/c = (4\pi/\lambda)R$，这是无线电波往返于雷达和目标之间产生的相位滞后。

当雷达和目标之间有相对运动时，距离 R 会随时间变化。设目标相对雷达作匀速运动，则在 t 时刻，目标与雷达之间的距离 $R(t)$ 为

$$R(t) = R_0 - v_r t$$

其中，R_0 为 $t = 0$ 时的目标距离，v_r 为目标相对雷达的径向速度。

回波信号为

$$S_r(t) = kS_t(t - t_r) = kA\cos(2\pi f_0(t - t_r) + \phi)$$

上式说明，在 t 时刻接收到回波信号 $S_r(t)$ 上的某点是在 $t - t_r$ 时刻发射的。由于目标相对雷达的径向速度 v_r 远小于无线电波速度 c，故时延 t_r 可近似写为

$$t_r = \frac{2R(t)}{c} = \frac{2}{c}(R_0 - v_r t)$$

回波信号与发射信号相比的高频相位差为

$$\phi = -2\pi f_0 t_r = -2\pi f_0 \frac{2}{c}(R_0 - v_r t) = -2\pi \frac{2}{\lambda}(R_0 - v_r t)$$

高频相位差为时间 t 的函数，在径向速度 v_r 为常数时，雷达和目标的多普勒频移为

$$f_d = \frac{1}{2\pi}\frac{d\phi}{dt} = \frac{2}{\lambda}v_r$$

X 波段（3cm）雷达的多普勒频移如表 1-4 所示。

需要注意的是，在多普勒频移中，由于波源和观察者之间存在相对运动，观察者会感到频率发生了变化，但实际上，波源的频率并没有发生改变。多普勒频移是波动过程共有的特征，如机械波、电磁波和光波都会发生多普勒频移。

表 1-4　X 波段（3cm）雷达的多普勒频移

接近速度	f_d / Hz
1 节	35
1 英里/小时	30
1 千米/小时	19
1000 英尺/秒	20000

以下为几种多普勒频移的应用。

（1）有经验的铁路工人可以从火车的汽笛声判断火车的运动方向和快慢。

（2）有经验的战士可以从炮弹飞行时的尖叫声判断飞行的炮弹是接近的还是远离的。

（3）交通警察发射一个已知频率的电磁波到行进中的汽车，然后根据反射回来的电磁波频率变化来判断汽车的速度。

（4）通过观测从遥远天体发出的光波的频率变化，可以判断该天体相对于地球的运动速度。

由以上知识可知，测量目标的多普勒频移可以得到其距离变化率，两者的关系如下，即

$$\dot{R} = -\frac{f_d \lambda}{2}$$

其中，$\dot{R}$ 为距离变化率，f_d 为多普勒频移，λ 为波长。

测得多普勒频移的过程如图 1-164 所示。在没有多普勒模糊的情况下，观察目标在滤波器组中的某个滤波，就能测得多普勒频移。速度分辨率，即多普勒分辨率，是指在径向速度上能够分辨出两个目标同时存在的最小径向速度差。这一分辨率取决于多普勒滤波器的通带宽度。

2. 脉冲多普勒跟踪技术

相干脉冲多普勒跟踪器如图 1-165 所示，采用独立的伺服回路工作。其流程如下：频率综合器输出的相干本振信号经过混频后得到宽带第一中频信号。随后，距离选通信号加入第一中频放大器进行选通处理。选通后的信号再次混频，转换成频率较低的中频信号，并经第二中频放大器放大和包络检波器滤波。包络检波器在时间上扩展信号，并

且在精细频谱中消除邻近谱线。第二中频放大器进一步放大信号，补偿因抑制其余谱线所造成的损失，然后将信号送至鉴频器。鉴频器的输出用于控制压控振荡器（Voltage Controlled Oscillator，VCO），从而闭合频率跟踪回路。包络检波器的带宽和鉴频器的响应范围不是由发射脉冲的宽度决定的，而是取决于回波信号的频谱结构。这一决定因素受到雷达振荡器和放大器的稳定度以及目标速度的影响。

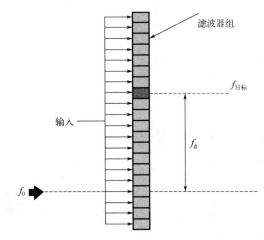

图 1-164　测得多普勒频移的过程

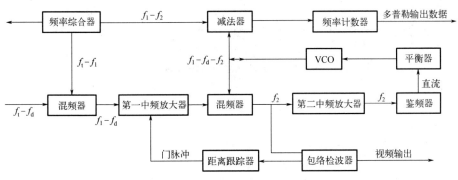

图 1-165　相干脉冲多普勒跟踪器

3．潜在的多普勒模糊

为了更好地理解多普勒模糊的含义，首先需要了解脉冲雷达信号频谱的基础知识。

典型脉冲雷达信号的频谱如图 1-166 所示，图（a）、图（b）、图（c）、图（d）分别表示不同脉冲重复周期的相干脉冲串，其左侧为信号的时域形式，右侧为各自对应的频域信号。其中，频域信号谱线间的间隔对应于相应的 PRF，纵坐标表示归一化的信号幅度。

具有相同频率和脉冲宽度的非相干脉冲串与单个脉冲在频谱上具有相似的特性，脉冲信号的频谱形状类似于 $\dfrac{\sin x}{x}$ 函数，如图 1-167 所示，在中心频率两侧呈现连续递减的幅度。对于一个 0.001 秒脉冲宽度且恒定 PRF 为 f_0 的独立脉冲串，在频域上，其频谱的第一对零点出现在以 f_0 为中心，左右各偏移 1000Hz 的位置上。

对于相干脉冲信号，其频域信号包含一系列谱线，这些谱线以 PRF 为间隔，等距地分布在 f_0 两侧。这些谱线呈现出 $\dfrac{\sin x}{x}$ 函数的形状，而零点出现在 f_0 的两侧，位置为 $1/\tau$（τ 为脉冲宽度）的整数倍处。

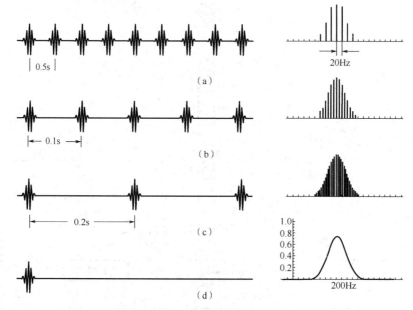

图 1-166　典型脉冲雷达信号的频谱

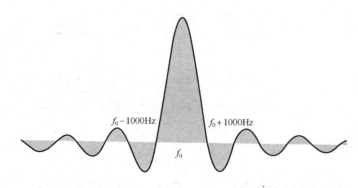

图 1-167　脉冲信号的频谱形状类似于 $\dfrac{\sin x}{x}$ 函数

为理解不同雷达 PRF 下的多普勒模糊现象，这里分析一个假设的作战环境，如图 1-168 所示。假设雷达能够检测到一个在 120° 的扇形内，向前无限延伸的所有目标。目标可以飞向任何方向，且雷达和目标的速度均可以改变，速度的最大值为 1000 节，最小值为 400 节。

在此条件下，雷达可能遇到的最大分开速度为 800 节，最大接近速度为 −2000 节，即最大的正多普勒频率航线与最大的负多普勒频率航线如图 1-169 所示。

在 X 波段（3cm），最大分开速度对应的多普勒频率为：$-(800 \times 35) = -28 \text{kHz}$，最大接近速度对应的多普勒频率为：$-(-2000 \times 35) = 70 \text{kHz}$。

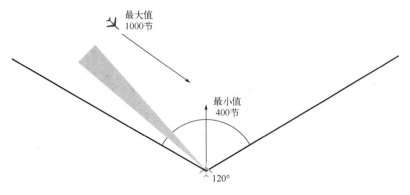

图 1-168　假设的作战环境

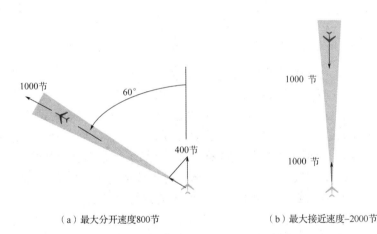

（a）最大分开速度800节　　　　　　（b）最大接近速度-2000节

图 1-169　最大的正多普勒频率航线与最大的负多普勒频率航线

因此，假定雷达未遇到一个速度超过 1000 节（或者方位角超过 60°）的重要目标，则其最大正负多普勒频率之间的范围为 $70 - (-28) = 98 \text{kHz}$。

为了覆盖所期望的多普勒频率波段（$-28 \sim 70 \text{kHz}$），可提供一个多普勒滤波器组，其带宽范围从稍低于 -28kHz 到稍高于 70kHz。在假设状态下，最大正负多普勒频率之间的范围如图 1-170 所示。

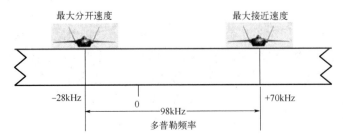

图 1-170　在假设状态下，最大正负多普勒频率之间的范围

当目标以某一个速度接近雷达时，回波信号相对于发射信号产生的多普勒频率如图 1-171 所示。其中，f_0、f_r 和 f_d 分别表示发射信号中心频率、脉冲重复频率和多普勒频率。

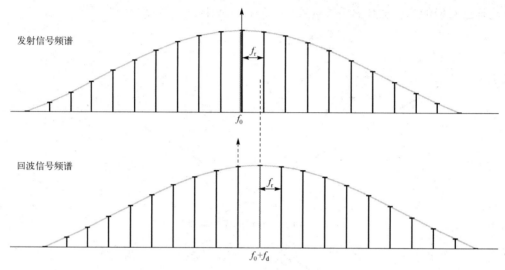

图 1-171　回波信号相对于发射信号产生的多普勒频率

当 PRF 大于多普勒频率范围时，回波信号及其频谱对应关系如图 1-172 所示。如果 PRF 为 120kHz，即 PRF 大于多普勒频率范围，如图 1-173 所示。在这种情况下，对于具有最大接近速度的目标，其产生的多普勒频率将导致回波信号的载频落在通频带内。同时，最靠近载频的边带将位于其下边。具体来说，如果目标具有最大接近速度，产生 70kHz 的多普勒频率，则其回波信号的载频（中心谱线）将落在通频带的高端频率一侧。由于第一对边带与载频被 PRF(120kHz)所分隔，因此最靠近通频带的边带将具有 70–120 = –50kHz 的频率。这意味着该边带的频率远低于通频带的低端。

具有最大分开速度目标的载频也将类似地落在通频带内，如图 1-174 所示。在这种情况下，最靠近载频的边带将具有 –28+120 = 92kHz 的频率，这远高于通频带的高端。因此，如果 PRF 大于多普勒频率范围，则目标回波的中心谱线是唯一能够通过滤波器组通频带的谱线。该谱线的频率与发射波载频之间的差异就是目标的真实多普勒频率。此时，不会出现多普勒模糊的问题。

当 PRF 小于多普勒频率范围时，如果将 PRF 降低为 20kHz，则目标回波谱线之间的距离只有原来的 1/6，即 20kHz。此时，在通频带内会同时出现多个谱线，如中心谱线和边带，滤波器无法区分两者，即出现多普勒模糊现象。PRF 小于多普勒频率范围如图 1-175 所示。

实际上，当 PRF 小于多普勒频率范围时（小 PRF 经常用以减少距离模糊），通频带的宽度会被设置为小于 PRF，以确保目标回波只出现在通频带内一点上。在上面的例子中，如果边带相距只有 20kHz，无论通频带如何设置，都无法区分出现在滤波器组中的目标回波是载频还是边带，也无法区分是哪一个边带，这就是多普勒模糊。滤波器组中的目标回波如图 1-176 所示。

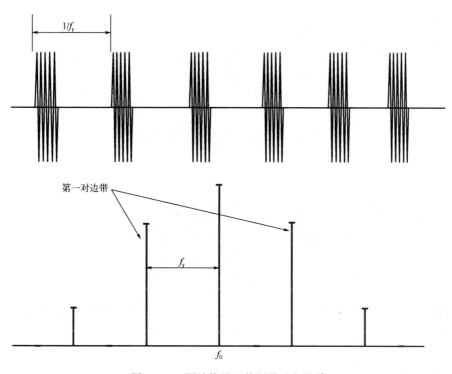

图 1-172　回波信号及其频谱对应关系

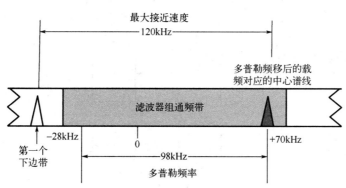

图 1-173　PRF 大于多普勒频率范围

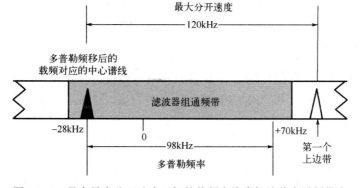

图 1-174　具有最大分开速度目标的载频也将类似地落在通频带内

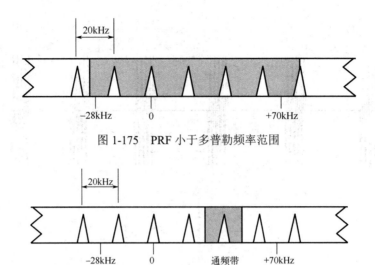

图 1-175　PRF 小于多普勒频率范围

图 1-176　滤波器组中的目标回波

多普勒模糊出现的原因如图 1-177 所示。不同波长下的多普勒不模糊区如图 1-178 和图 1-179 所示。

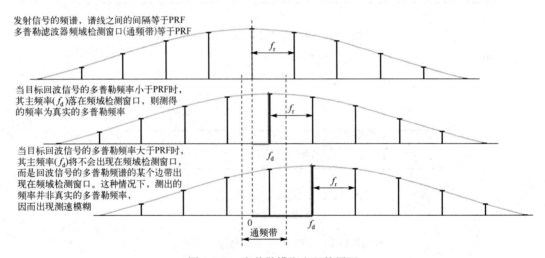

图 1-177　多普勒模糊出现的原因

4．多普勒模糊的解法

为了消除多普勒模糊的问题，需要明确观测到的目标回波频率与载波频率分开时 PRF 的整倍数值所起的作用。如果整倍数值 n 不是很大，通常可以通过两种方法来判断：距离微分法和 PRF 变换法。

1）距离微分法

通常，决定 n 值的最简单方法是通过微分法来近似计算一个距离变化率。基于此值，可以进一步计算出真实的多普勒频率的近似值，然后再减去所观测的多普勒频率，并将结果除以 PRF，得到 n 值。

距离微分法如图 1-180 所示，假定 PRF 为 20kHz，观测到的多普勒频率为 10kHz，真实的多普勒频率为 10kHz 加上 20～70kHz 之间的任意整数倍。由初始距离变化率测量值计算求得真实的多普勒频率近似值为 50kHz，如图 1-181 所示。该频率和所观测的多普勒频率间的差为 50–10 = 40kHz。将此结果除以 PRF，得到 $n = 40/20 = 2$。PRF 的两倍数值将回波载频同所观测的多普勒频率相分离。

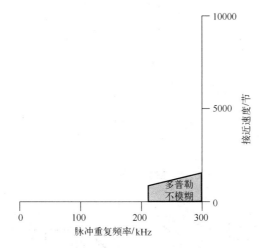

图 1-178　多普勒不模糊区（波长：1 厘米，雷达速度：1000 节）

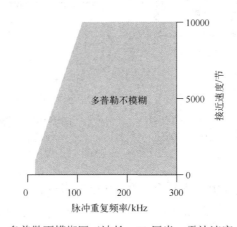

图 1-179　多普勒不模糊区（波长：10 厘米，雷达速度：1000 节）

在此例中，虽然初始接近速度的测量值已相当精确，但实际上并不需要特别精确。只要由初始接近速度测量值计算出的多普勒频率中的任何误差小于 PRF 值的一半，此时仍可以区分出载频位于哪一个 PRF 区间，并据此得出 n 值。最初计算的真实的多普勒频率可能只有 42kHz，如图 1-182 所示。这几乎是两个最近的可能值（30kHz 和 50kHz）的平均值。由于此值（42kHz）足够精确，因此能够得出正确的 n 值。多普勒频率的初始计算值与观测值之间的差为 42–10 = 32kHz。将此结果除以 PRF，得到 32/20 = 1.6。通过四舍五入得到最近的整数值，即 $n = 2$。一旦求得 n 值，通过持续跟踪目标，就能确定真实的多普勒频率。因此可以仅仅以所观测的频率为基础，相当精确地计算出目标的距离变化率 $\dot{R}$。

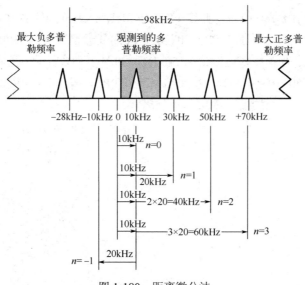

图 1-180　距离微分法

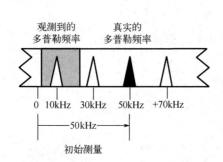

图 1-181　由初始距离变化率测量值计算
求得真实的多普勒频率近似值为 50kHz

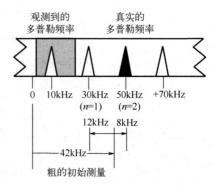

图 1-182　最初计算的真实的
多普勒频率可能只有 42kHz

2）PRF 变换法

变换 PRF 对目标回波载频 f_c 本身没有直接影响。回波载频 f_c 等于所传输脉冲的载频加上目标的多普勒频率，并且它是完全独立于 PRF 的，不是 f_c 之上或之下的边带频率。由于边带频率是通过与 PRF 相乘而从 f_c 中分离出来的，所以改变 PRF 时，边带频率也相应发生变化。PRF 改变会导致每个边带频率发生偏移现象如图 1-183 所示。若 PRF 发生改变，则每个边带频率发生偏移，其偏移量 $n\Delta$ 正比于 f_r 改变量与载频间隔的倍数。

判断一个特定的边带频率是上移的还是下移的，可以依据下列情况：边带频率是否高于或低于 f_c；是否增加或降低 PRF。若 PRF 增加，则高端边带将上移，若 PRF 降低，则高端边带将下移，低端边带正相反。

判断观测到的多普勒频率移动的多少同样依据两个因素：PRF 的改变量；PRF 乘以什么量能把所观测到的边带频率同 f_c 相分离。若 PRF 改变 1kHz，则第一对边带频率将 f_c 的两边移动 1kHz；第二对的移动 2kHz；第 3 对的移动 3kHz，循环往复。若 PRF 改

2kHz，则每对边带的移动量将加倍，依此类推（边带频率随着多普勒频率的移动而移动）。

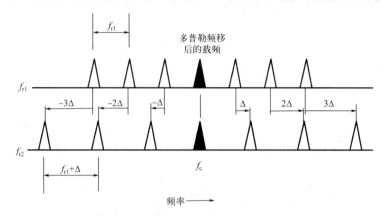

图 1-183　PRF 改变会导致每个边带频率发生偏移现象

　　根据所观测到的多普勒频率的改变量来区分 f_c 相对于所观测频率的位置，如图 1-184 所示。其中，f_{r1} 是变换前的 PRF，f_{r2} 是变换后的 PRF，Δf_{obs} 是 PRF 变换后观测频率的改变量，Δf_r 是变换前后 PRF 的改变量，$n = \Delta f_{obs}/\Delta f_r$。若观测频率未改变，则判断其为 f_c。若发生改变，可从 f_c 是高于还是低于所观测频率来区分变化的方向。然后，通过 f_c 相对于观测频率的偏移量是 PRF 的倍数来得出变化的总量。

　　例如，若 PRF 增加 2kHz，引起观测到的多普勒频率增加 4kHz，则 n 值为 4/2 = 2。PRF 变换法也存在着缺点，它降低了最大检测距离。

5．计算多普勒频率

　　前面列举的方法已经确定了 n 值，将 $n\Delta f_r$ 加至观测到的多普勒频率上，可计算真实的多普勒频率，如图 1-185 所示。其中，涉及的公式为

$$f_d = n\Delta f_r + f_{obs}$$

其中，f_{obs} 是目标观测的多普勒频率。

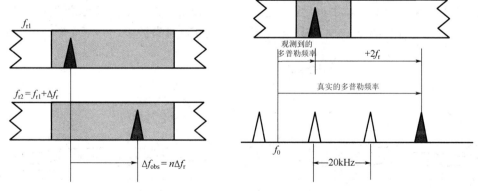

图 1-184　根据所观测到的多普勒频率的改变量来区分 f_c 相对于所观测频率的位置　　图 1-185　将 $n\Delta f_r$ 加至观测到的多普勒频率上，可计算真实的多普勒频率

1.7　机载脉冲多普勒火控雷达与空-空作战

1.7.1　机载脉冲多普勒火控雷达

脉冲多普勒（Pulse Doppler，PD）雷达是一种特殊类型的雷达，其特点在于速度无模糊、距离有模糊，并采用 HPRF 以利用多普勒效应。在机载火控雷达的应用中，为了在中、低空及下视情况下发现运动目标，机载 PD 火控雷达必须具备抑制地面杂波严重干扰的能力。非相参体制的普通脉冲雷达无法满足这一需求，因为其无法在时域中利用时间差来区分目标与地面杂波背景干扰。相比之下，相参体制雷达通过利用运动目标与地面杂波在相对速度上的差异，能够在频域中将运动目标与地面杂波区分开，从而解决这一问题。

机载 PD 火控雷达有以下 4 方面的特点。

（1）足够高的 PRF，即杂波或所观测的目标都没有多普勒模糊。

（2）能实现对脉冲串频谱中的单根谱线的多普勒滤波，即频域滤波。

（3）天线波瓣有极低的旁瓣电平。机载 PD 火控雷达的旁瓣杂波占据很宽的多普勒频率范围，只有极低的旁瓣电平才能改善在旁瓣杂波区检测运动目标的能力。

（4）由于 PRF 很高，通常会对所观测的目标产生距离模糊。

1. 机载火控雷达下视的地面杂波

雷达接收的无用回波称为杂波，通常有环境噪声（宇宙噪声）、人为电磁干扰和地面回波等。地面回波是指雷达波束与地面、海面等交截后产生的回波。对于探测飞行目标或地面运动目标的机载火控雷达而言,地面回波是无用的杂波（地图测绘情况下除外）。

地面杂波如图 1-186 所示。对机载火控雷达来说，地面杂波是由于雷达天线主瓣和旁瓣波束照射地面引起的。其中，主瓣杂波是雷达天线主瓣波束照射地面形成的回波；旁瓣杂波和高度杂波是雷达天线旁瓣波束照射地面形成的回波。由于机载火控雷达与地面之间存在着相对运动，因而地面杂波会产生多普勒频移。根据多普勒频移的差别，地面杂波被分为 3 种类型，即主瓣杂波、旁瓣杂波和高度杂波。

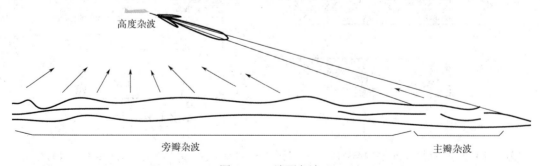

图 1-186　地面杂波

机载火控雷达的主瓣杂波、旁瓣杂波与地面的夹角如图 1-187 所示。其中，ϕ_0 为机载火控雷达主瓣杂波与地面的夹角；ϕ 为机载火控雷达旁瓣杂波与地面的夹角。

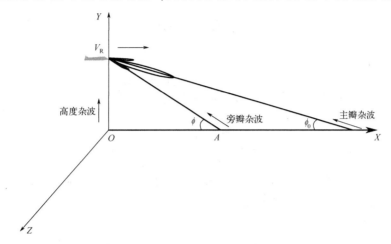

图 1-187　机载火控雷达的主瓣杂波、旁瓣杂波与地面的夹角

杂波的多普勒频率分布取决于以下两个方面。

（1）机载火控雷达的速度（大小和方向）。

（2）机载火控雷达相对于地面照射点的几何关系。

地面某照射点 A 的杂波多普勒频率为

$$f_{\mathrm{d}} = \frac{2V_{\mathrm{R}}}{\lambda}\cos\phi$$

不同照射夹角形成的多普勒频率不同，这会导致地面杂波的频谱展宽。

主瓣杂波回波边沿位置之间的最大多普勒频率差为

$$\Delta f_{\mathrm{MB}} = f_{\mathrm{d}}\left(\phi_0 - \frac{\theta_{0.5}}{2}\right) - f_{\mathrm{d}}\left(\phi_0 + \frac{\theta_{0.5}}{2}\right) \approx \frac{2V_{\mathrm{R}}}{\lambda}\theta_{0.5}\sin\phi_0$$

其中，$\theta_{0.5}$ 为主瓣杂波宽度。

不同地面杂波的多普勒频谱如图 1-188 所示。

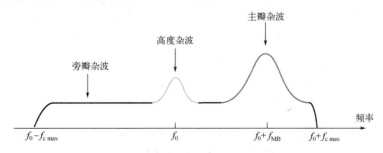

图 1-188　不同地面杂波的多普勒频谱

主瓣杂波、旁瓣杂波和高度杂波的特点分别如下。

1）主瓣杂波

主瓣杂的波强度最大。

主瓣杂波的中心频率为 $f_0 + f_{\mathrm{MB}}$，其中

$$f_{\mathrm{MB}} = f_{\mathrm{d}}(\phi_0) = \frac{2V_{\mathrm{R}}}{\lambda} \cos\phi_0$$

主瓣杂波宽度为

$$\Delta f_{\mathrm{MB}} = f_{\mathrm{d}}\left(\phi_0 - \frac{\theta_{0.5}}{2}\right) - f_{\mathrm{d}}\left(\phi_0 + \frac{\theta_{0.5}}{2}\right) \approx \frac{2V_{\mathrm{R}}}{\lambda} \theta_{0.5} \sin\phi_0$$

2）旁瓣杂波

旁瓣杂波的强度较弱。

由于旁瓣杂波与地面夹角为 ϕ（0°～360°），因此其多普勒频率为 $f_{\mathrm{d}}(\phi) = \frac{2V_{\mathrm{R}}}{\lambda} \cos\phi$，

且有 $f_{\mathrm{c\,max}} = \frac{2V_{\mathrm{R}}}{\lambda}$。

旁瓣杂波频率范围为

$$f_0 \pm f_{\mathrm{c\,max}}$$

3）高度杂波

高度杂波的强度较强。

高度杂波的多普勒频率为

$$f_{\mathrm{d}} = 0$$

高度杂波频率为

$$f_0$$

当机载火控雷达相参信号的脉冲重复频率 f_{r} 足够高时，地面杂波的多普勒频谱之间出现空隙，即出现了无杂波区。可能的无杂波区如图 1-189 所示。

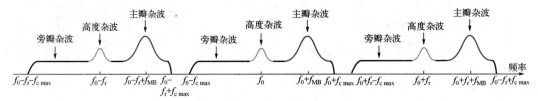

图 1-189　可能的无杂波区

2．杂波频谱与目标回波频率间的关系

在空战过程中，当机载火控雷达的飞行高度高于目标飞行高度时，由于目标与机载火控雷达的相对态势不同，回波频率会出现在杂波频谱的不同位置处。

1）迎头态势：相互接近

当目标迎头接近雷达时，目标回波的多普勒频率大于任意地面杂波的多普勒频率。迎头态势时的目标回波频谱如图 1-190 所示。

2）尾追态势：低速接近（$V_R > V_T$）

当雷达在尾追目标时，如果目标速度大于雷达速度，则目标回波的多普勒频率落入旁瓣杂波区。尾追态势时的目标回波频谱如图 1-191 所示。

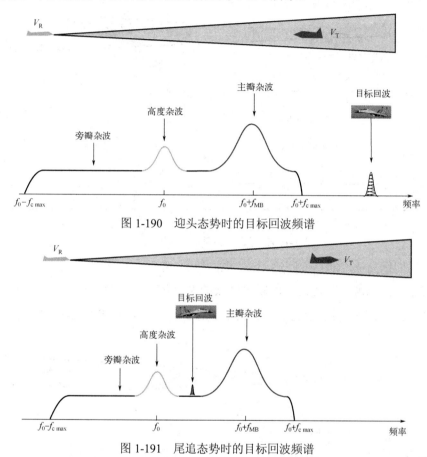

图 1-190　迎头态势时的目标回波频谱

图 1-191　尾追态势时的目标回波频谱

3）目标运动方向垂直于视线

目标运动方向垂直于视线时的目标回波频谱如图 1-192 所示。

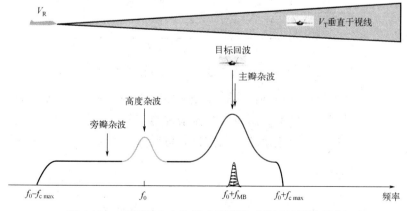

图 1-192　目标运动方向垂直于视线时的目标回波频谱

4）尾追态势：接近速度为 0（$V_R = V_T$）

尾追态势时的目标回波频谱如图 1-193 所示。当雷达尾追目标且其接近速度为 0 时，目标回波频谱落入高度杂波区。

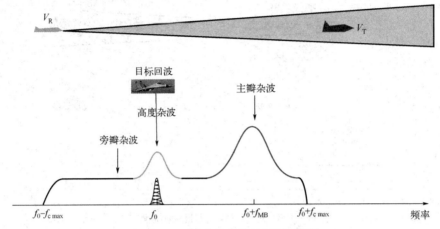

图 1-193 尾追态势时的目标回波频谱

具有不同远离速度的目标回波频谱如图 1-194 所示。若目标 A 回波的 $\dot{R} < -V_R$，则目标 A 位于旁瓣杂波的左边；若目标 B 回波的 $\dot{R} > -V_R$，则目标 B 位于旁瓣杂波频谱的负半部分。目标 A 的远离速度大于雷达的对地速度 V_R；目标 B 的远离速度小于雷达的对地速度 V_R。

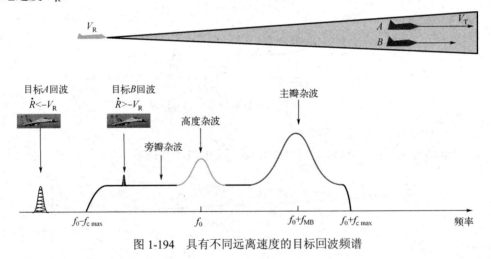

图 1-194 具有不同远离速度的目标回波频谱

不同相对态势及速度的目标回波多普勒频率如图 1-195 所示。主瓣波束扫描方向与主瓣杂波的多普勒频率如图 1-196 所示。主瓣杂波的多普勒频率取决于主瓣波束扫描方向；目标的多普勒频率取决于主瓣波束扫描方向与目标的相对角度。

3. 地面杂波频率分布计算

设某机载 PD 火控雷达的工作波长为 3cm，主波束宽度 $\theta_{0.5} = 3°$，载机速度 $V_R =$

680m/s，主波束中心轴线与载机速度矢量在垂直面内的夹角$\phi_0 = 45°$。求主瓣杂波中心频率，主瓣杂波的频率分布范围，旁瓣杂波的频率分布范围。

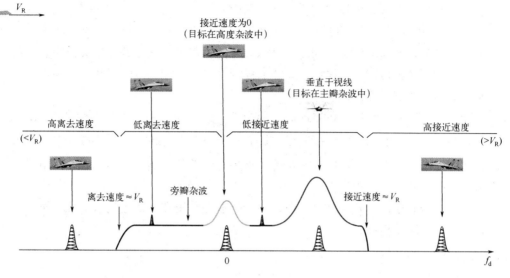

图 1-195　不同相对态势及速度的目标回波多普勒频率

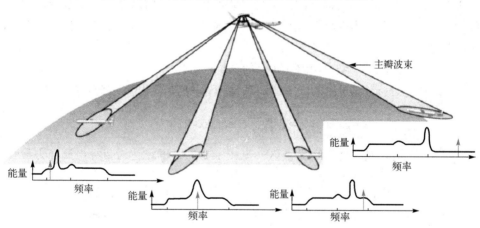

图 1-196　主瓣波束扫描方向与主瓣杂波的多普勒频率

主瓣杂波中心频率偏移量为

$$f_{MB} = \frac{2V_R \cos\phi_0}{\lambda} \approx 32\text{kHz}$$

主瓣杂波的频率分布范围为

$$\Delta f_{MB} \approx \frac{2V_0 \theta_{0.5} \sin\phi_0}{\lambda} \approx 1.68\text{kHz}$$

旁瓣杂波的频率分布范围为

$$\pm f_{c\,max} = \pm \frac{2V_R}{\lambda} \approx \pm 45.33\text{kHz}$$

4. 杂波重叠与 PRF 选择

PRF 对杂波的影响可以分为以下 3 种情况。

（1）在 LPRF，且 $f_r = 2\text{kHz}$ 时，因为 $f_r \ll f_{c\,\max} = 45\text{kHz}$，所以不存在无杂波区，地面杂波的多普勒频谱高度重叠。因此，目标信号的 f_d 落入多次重叠的杂波谱中。此时，目标回波多普勒频率检测产生模糊，即测速模糊。又因为 $T_r = 1/f_r$，所以杂波在距离上不重叠，故不存在测距模糊。

（2）在 HPRF，且 $f_r = 200\text{kHz}$ 时，因为 $f_r \gg f_{c\,\max} = 45\text{kHz}$，所以有较宽的无杂波区。若 $f_{dT} > f_{c\,\max}$，则目标落入无杂波区。此时，可以得到 f_{dT} 的值，即不存在测速模糊。又因为 $T_r = 1/f_r$，所以杂波在距离上重叠，这导致杂波功率谱密度增高，使得信号功率低于杂波功率，故存在测距模糊。

（3）在 MPRF，且 $f_r = 20\text{kHz}$ 时，由于杂波在频谱和距离上均有重叠（不严重），故存在测速、测距模糊。

5. 小结

机载 PD 火控雷达的地面杂波的多普勒频谱包括：主瓣杂波、高度杂波、旁瓣杂波和无杂波区。其中，主瓣杂波强度最大、干扰最强，其次是高度杂波。目标可能出现在杂波区或无杂波区。

雷达与目标的相对态势和 PRF 的关系有以下 3 种。

（1）雷达与目标作迎头运动，相对速度 $V = V_R + V_T$，则回波多普勒频率为

$$f_d = 2V\cos\phi/\lambda = 2(V_R+V_T)\cos\phi/\lambda > 2V_R/\lambda = f_{c\,\max}$$

在具有高 f_r 时，目标落入无杂波区（见图 1-197），即雷达对目标检测能力最强。

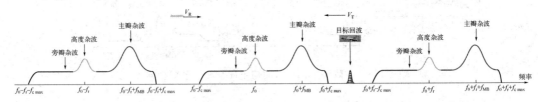

图 1-197　目标落入无杂波区

（2）雷达与目标作尾追运动，相对速度 $V = V_R - V_T$，则回波多普勒频率为

$$f_d = 2(V_R-V_T)\cos\phi/\lambda < 2V_R/\lambda = f_{c\,\max}$$

此时，目标落入杂波区。

有以下两种措施可以提高雷达对目标的检测能力。

（1）降低天线旁瓣杂波，从而降低杂波功率谱密度，进而提高目标回波相对强度。

（2）提高载机飞行速度。

1.7.2　多普勒雷达 PRF 的分类及特点

PRF 的选择是机载脉冲多普勒火控雷达设计中最关键的一环。采用不同的脉冲重复频率决定了观测距离和观测多普勒频率的模糊程度，而模糊程度不仅决定了雷达直接探测目标和接近速度的能力，还决定了雷达对地面杂波的抑制效果。

如果脉冲重复周期 T 大于或等于雷达所需要探测目标的最大延迟时间 t_{max}，即 $T \geqslant t_{max}$，那么这种信号为 LPRF；如果脉冲重复频率 f_r 大于或等于两倍的雷达所需要探测目标的最大多普勒频率 $f_{d\,max}$，即 $f_r \geqslant 2f_{d\,max}$，那么这种信号为 HPRF；介于 HPRF 和 LPRF 之间的信号，即为 MPRF。由此可见，PRF 的高低不是根据其数值大小定义的，而是根据观测距离和观测多普勒频率是否模糊而定义的。

HPRF 是使所有重要目标的观测多普勒频率均不模糊的 PRF。在 HPRF 的选择上，存在确定最小 PRF 的问题。最小 PRF 的确定如图 1-198 所示，应保证感兴趣的最高速度目标在无杂波区。

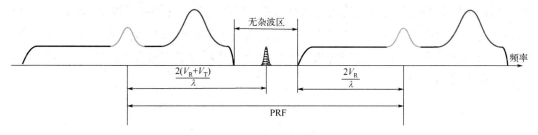

图 1-198　最小 PRF 的确定

最小 PRF 可以由下式给出，即

$$\text{PRF} > \frac{2(V_R + V_{T\,max})}{\lambda} + \frac{2V_R}{\lambda}$$

其中，V_R 为机载火控雷达的速度，$V_{T\,max}$ 是目标的最大速度。

对机载脉冲多普勒火控雷达而言，当雷达的发射信号频率 f_0 及脉冲重复频率 f_r 确定之后，其最大不模糊距离 R_u 与最大不模糊速度 V_u 的乘积为一常数，即

$$R_u V_u = \frac{1}{4}\lambda$$

$$R_u = cT_r / 2 = c / 2f_r$$

$$V_u = \lambda f_r$$

其中，c 和 λ 分别为雷达无线电波的波速和波长，T_r 为脉冲重复周期。

从上述关系式中可以看出，当 PRF 增加时，最大不模糊速度增大，但最大不模糊距离减小；反之，当 PRF 降低时，最大不模糊速度减小，但最大不模糊距离增大。由于两者的乘积为常数，因此两者不能同时达到最大值。

假设雷达的工作波长为 3cm，可以计算出其 PRF 的 f_r 为 2kHz、11.5kHz、200kHz 时的最大不模糊距离（R_u）和最大不模糊速度（V_u）。3 种 PRF 下的 R_u 与 V_u 的关系如表 1-5 所示。

表 1-5 3 种 PRF 下的 R_u 与 V_u 的关系

f_r/kHz	R_u/km	V_u/(m/s)
2	75	30
11.5	13	172
200	0.75	3000

1.7.3 利用多普勒盲区隐蔽接敌的机动决策方法

1. 主瓣杂波探测盲区

不同目标的多普勒频谱分布如图 1-199 所示。目标 2 以 V_{t2} 的速度从与雷达垂直的方向飞过，目标在雷达照射方向的运动速度为零，其回波的多普勒频移为 $2V_R \cos\phi_0 / \lambda$，正好落入主瓣杂波区内，并随同主瓣杂波一起被雷达主瓣杂波抑制器滤除，由此造成了雷达在此方向上的探测盲区。这就是机载 PD 火控雷达对处于正侧方一定角度范围内的目标没有探测能力的原因。

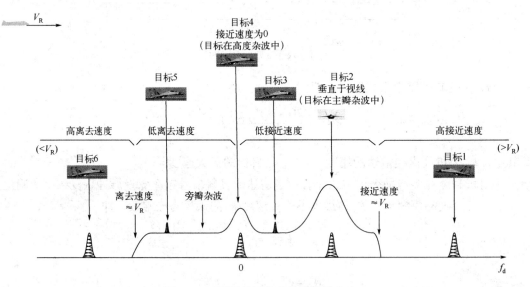

图 1-199 不同目标的多普勒频谱分布

2. 高度杂波探测盲区

在图 1-199 中，目标 4 与雷达同向飞行且接近速度为 0，其回波信号落入高度杂波区，并随同高度杂波一起被雷达高度杂波抑制器滤除。由此造成了雷达在速度上的探测盲区。这就是机载 PD 火控雷达对处于尾追状态且运动速度与雷达速度基本相同的目标没有探测能力的原因。

3. 目标机动对机载 PD 火控雷达的影响

当目标与雷达处于某种特定态势时，有可能造成机载 PD 火控雷达的探测盲区（主瓣杂波探测盲区和高度杂波探测盲区）。作为目标，通过适时的机动可以制造出空战态势中的盲区，从而减少被雷达截获的概率并降低其效能，这成为对抗机载 PD 火控雷达的一种有效对策。

目标与雷达波束垂直的图如图 1-200 所示。此时，目标相对雷达为 90° 的侧转，即目标以最大稳定盘旋角速度转弯，来保持逃逸方向与来袭雷达波束垂直的状态。这样，目标可以进入机载 PD 火控雷达的主瓣杂波探测盲区，从而降低雷达截获或跟踪的概率。目标与雷达作同向等速运动，如图 1-201 所示。此时，目标相对雷达作置尾机动，且相对雷达接近速度为 0。这样，目标可以进入机载 PD 火控雷达的高度杂波探测盲区，同样可以降低雷达截获或跟踪的概率。

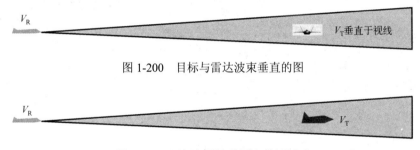

图 1-200　目标与雷达波束垂直的图

图 1-201　目标与雷达作同向等速运动

事实上，如图 1-200 和图 1-201 所示，机载 PD 火控雷达的频率检测范围由多普勒频率检测门限控制。当回波的多普勒频率低于雷达的多普勒频率检测门限时，该回波信号将被忽略，此时存在一个最小可检测速度；当目标在雷达波束方向上的速度低于最小可检测速度时，回波的多普勒频率将低于门限值，因而不会被机载 PD 火控雷达发现，即目标处于机载 PD 火控雷达的速度盲区。因此只有在目标由相对雷达的多普勒径向速度产生的多普勒频率高于雷达的多普勒频率检测门限时，机载 PD 火控雷达才能检测到该目标。需要注意的是，机载 PD 火控雷达的最小可检测速度与其型号和工作模式有关，这一数值可由情报或经验进行估算。

4. 利用机载 PD 火控雷达多普勒盲区隐蔽接敌的机动决策方法

首先，建立当前态势下敌机雷达多普勒盲区模型，并利用电子支援措施（Electric Support Measure，ESM）对辐射源的量测信息生成安全飞行边界。然后，基于盲区模型和相对态势，建立机动决策模型。最后，通过相应的算法求解接敌过程中的最优机动策略。机动决策原理图如图 1-202 所示，目标机动示意图如图 1-203 所示。

仿真机载 PD 火控雷达的速度探测盲区需要在已知机载 PD 火控雷达的工作频率、探测距离、多普勒速度门限以及目标和雷达的初始位置和速度信息的情况下，弄清楚以下几点：动态显示目标相对机载 PD 火控雷达的径向速度；动态显示机载 PD 火控雷达对目标的探测情况；确定目标运动轨迹在机载 PD 火控雷达的可视区及多普勒盲区；

识别哪些区域处于雷达探测距离之外，哪些区域既在雷达探测距离之外又在多普勒盲区之内；判断并区分在不同的雷达运动轨迹下，能否成功发现目标。

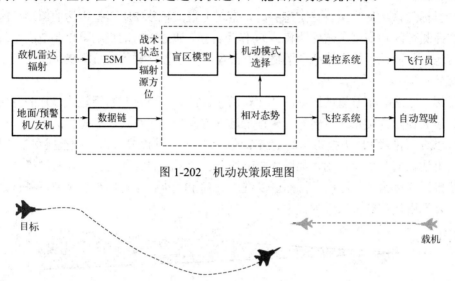

图 1-202　机动决策原理图

图 1-203　目标机动示意图

第2章 机载光电系统原理

2.1 目标红外辐射探测原理

2.1.1 红外辐射及基本性质

1. 红外辐射

物质在不断地发射和吸收电磁辐射。人们在日常生活中受到的各种辐射，如紫外线、热辐射等，本质上都是电磁辐射，具有波动性，又称电磁波。电磁波谱如图 2-1 所示。

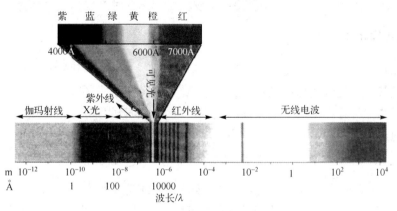

图 2-1 电磁波谱（扫码见彩图）

2. 红外线的基本性质

红外线与可见光的对比如表 2-1 所示。

表 2-1 红外线与可见光的对比

异同点	红外线	可见光
相同点	（1）都是电磁波，具有波动性和粒子性 （2）直线传播，服从折射和反射定理，具有干涉、衍射、绕射、偏振特性	
不同点	不可见	可见
	波长较长	波长较短
	有明显的热效应	热效应不是很明显

因为被探测的目标有一定的温度，所以其能辐射红外线。喷气式战斗机红外辐射如图 2-2 所示。

图 2-2　喷气式战斗机红外辐射

喷气式战斗机红外辐射分为三种：尾喷管辐射（由尾喷管内腔的加热部分发出）；废气辐射（由尾喷口排出大量的废气）；蒙皮辐射（飞行时蒙皮与大气摩擦产生）。

3．红外线传播距离

红外线传播的距离主要受大气衰减等因素的影响。衰减主要是由大气中水蒸气、二氧化碳、臭氧分子等的选择性吸收和大气中悬浮微粒的散射产生。

衰减是指红外线在大气中被减弱的过程。设大气的吸收系数为 α，散射系数为 β，则红外线通过大气的透过率可以表示为

$$\tau = e^{-\sigma x}$$

其中，$\sigma = \alpha + \beta$，表示大气的衰减系数，x 表示红外线传播距离。

透过率随红外线传播距离的延长呈指数下降，衰减系数越大，下降得越快。因此，大气的衰减直接影响红外光电系统的作用距离。

此外，吸收系数和散射系数随波长变化。研究结果表明：大气对红外线的衰减是有选择性的，根据波长的不同，红外线的衰减情况也不同。衰减小的波段称为"大气窗口"。粗略划分，可分为 1～3μm、3～5μm 和 8～14μm 三个主要的"大气窗口"。其划分对红外装置的设计和使用有重大意义。红外装置的工作波段必须选在 15μm 以下，并选在某一"大气窗口"内，这样才可以减小大气衰减的影响，提高红外光电系统的作用距离。红外光电系统通常利用"大气窗口"来探测目标，以获得足够的作用距离。

对于利用目标热辐射特性来探测目标的红外光电系统而言，浓雾对热辐射的散射作用较大，水蒸气对热辐射的吸收作用很强烈。水蒸气对热辐射的吸收作用是有选择性的，在 1.87μm、2.70μm 和 6.27μm 处出现强吸收带。因此，空中使用的红外装置在大气衰减方面主要考虑水蒸气的吸收作用，而空-地或地-空的红外装置，除了需要考虑水蒸气的吸收作用，还需要考虑低空悬浮物的散射作用。

2.1.2　红外探测器简介

红外探测器是一种用来探测红外光辐射的器件，通过把光辐射转换为易于测量的电信号来实现对光辐射的探测。按照探测过程的物理机理，可分为两类：热探测器和光子探测器。

（1）热探测器的物理机理是光热效应。光热效应是一种由入射光辐射引起物质温度变化的物理效应。当红外光辐射到探测器上后，探测器敏感材料的温度上升，此时可以根据温度改变的程度来确定红外辐射的强弱，这样的探测器称为热探测器。

（2）光子探测器的物理机理是光电效应。光电效应是一种由入射光辐射引起物质导电率变化的物理效应，是一种波长选择性物理效应，即存在一个长波限，当入射红外线的波长大于长波限时，光子探测器不起反应。当一定波长的红外光辐射到探测器上后，探测器敏感材料的导电率发生改变，以此探测红外辐射，这样的探测器称为光子探测器。

按敏感元件的多少，探测器可分为单元（一个敏感元件）探测器和多元（同一材料的多个敏感元件）探测器。根据敏感材料的不同，光子探测器可以分为很多种，这里介绍典型的两种。

（1）锑化铟（InSb）探测器是工作在中波红外区域 3～5μm "大气窗口" 的最理想探测器。InSb 为单晶半导体，在室温工作时，其长波限可达 75μm。

（2）碲镉汞（HgCdTe）探测器是目前发现的所有光导材料中性能最优良的一种材料。红外探测系统原理如图 2-3 所示。

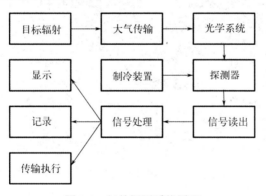

图 2-3　红外探测系统原理

2.2　激光测距原理

2.2.1　光的本质

关于光的本质，历史上存在着多种不同的观点和理论。这些观点和理论不断地推动着人们对光的理解。

英国物理学家牛顿提出光是由光源发出的微粒构成的一种特殊物质，光的颜色由微粒的大小而定。

荷兰物理学家惠更斯则提出与牛顿截然不同的理论，即光的波动理论。他认为，光是一种波，而不是微粒。此外，他还提出光在水、空气等介质中传播是因为一种特殊的物质——"以太"的存在。

一个世纪后，有人使用双缝干涉实验测出了可见光的波长。到了 19 世纪中期，电磁理论得到大力发展，英国物理学家麦克斯韦根据电磁理论，推断光也是一种电磁波，并推算出电磁波的传播速度为 3×10^8 m/s，该推算后续得到证实。后来，德国物理学家普朗克提出了电磁波形式的能量辐射，这使人们开始认识到电磁波是具有粒子性质的，即光量子。为了强调光的粒子属性，光量子被称为"光子"，"光子"的质量在运动中显示出来。这一发现进一步丰富了人们对光的本质的认识。

2.2.2 激光及其特点

激光（Light Amplification by Stimulation Emission of Radiation，LASER）是通过受激辐射产生的一种特殊光。激光的传播方向具有确定性，与阳光、灯光等向四面八方传播不同。某种机载激光器发射的激光如图 2-4 所示。

图 2-4　某种机载激光器发射的激光

激光的特点主要体现在高亮度、单色性、方向性、相干性等方面。

1. 高亮度

早期的红宝石激光器发射出的深红色激光是太阳亮度的 4 倍。近年来研制出的最新激光要比太阳亮度高出 100 亿倍以上！因为激光器发射出的激光是集中在沿轴线方向的一个极小发射角内（仅十分之一度左右），所以激光的亮度比同功率的普通光源高出几亿倍。激光器能利用特殊技术在极短的时间内（比如一万亿分之一秒）辐射出巨大的能量，当激光汇聚在一点时，可产生几百万度甚至几千万度的高温。

2. 单色性

激光的波长范围越小，光的单色性就越好。

在激光出现以前，最好的单色光源是氪同位素 86（Kr86），其波长是 0.005 Å（$1\text{Å}=10^{-10}$m），而氦氖激光的波长比千分之一埃更小，可以视其为没有偏差的极纯的单色光，所以激光是理想的单色光源。

3. 方向性

方向性为激光的指向性，用发散角 α 的大小来评价，发散角 α 越小，方向性就越好。当发散角 α 趋于 0 时，可近似地认为其是平行光。

激光的方向性好不但可以减小光学系统的孔径尺寸，而且可以降低光束的发散程度，使其在某一方向上光的能量更集中，即光束照射得更远。激光武器如图 2-5 所示。

图 2-5　激光武器

4. 相干性

将池中的水激起水波，当水波的波峰与波峰相叠时，水波的起伏会加剧，这种现象称为干涉，能产生干涉现象的波称为干涉波。激光是一种相干光波，它的波长、方向等都一致。物理学家通常用相干长度来表示光的相干性，光的相干长度越长，光的相干性就越好。激光的相干长度可达几十千米。因此，如果将激光用于精密测量，它的最大可测长度要比普通单色光的最大可测长度长 10 万倍以上。

2.2.3　原子结构及光谱

1. 原子结构

原子一般由两部分组成，即

$$原子=原子核（正电）+电子（负电）$$

电子在较小能量的作用下脱离原子核，使原子变成离子。在光学领域，原子的最外层电子参与光学过程，如光的吸收、发射等，此时的最外层电子为光学电子。

2. 能级和状态

原子内能由两方面组成：一方面是电子在自动轨道上运动产生一定的动能；另一方面是电子被原子核吸引产生一定的势能。原子内能的大小取决于原子核与电子的距离，距离增大，原子内能增大，反之减小。

原子能级如图 2-6 所示，用其表示原子的能量：按比例画出数条横线，每条横线代表一个能量值，表示原子的一个能级。原子能级中最低的能级为 E_1，E_1 上原子的能量状态称为原子基态，E_1 以上的能级称为高能级，如 E_2、E_3 等，在高能级上原子的能量状态称为激发态。一般情况下大多数原子都处于 E_1 能级，只有少数原子处于高能级中。

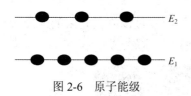

图 2-6　原子能级

3. 原子光谱

正常条件下原子的外层电子总是位于最低的能级以保持稳定状态。当外界有足够的能量作用于基态原子时，可以使基态原子中的电子从它所在的能级跃迁到高能级，这种由低能级跃迁到高能级的过程称为激发。

当原子从高能级跃迁到低能级时，会把所吸收的能量以光的形式发射出来，形成发光现象。原子所吸收的能量，或者原子所发射的能量，都是相应原子能级上的能量差。原子中的电子跃迁得越高，在返回原位置时，释放的能量就越大，这就是产生原子光谱的原因。

2.2.4　光的辐射机理

光的辐射机理主要包括自发辐射、受激吸收、受激辐射 3 个方面。

1. 自发辐射

因为处于高能级的原子很不稳定，所以高能级 E_2 的原子跃迁到低能级 E_1 上（见图 2-7），同时以光的形式释放能量 $h\nu_{21} = E_2 - E_1$（ν_{21} 为辐射光子频率）。这一过程完全是自发的，所产生的光没有一定的规律，相位和方向均不一致，不是单色光。

日常生活中的日光灯、高压汞灯和一些充有气体的灯，其发光都是自发辐射的过程，这些光向各个方向传播。这种产生光辐射的跃迁，称为自发辐射跃迁。自发辐射的特点是：每个原子的跃迁都是自发的，相互独立，彼此无联系，产生的光杂乱无章，无规律性。但还有一些不产生光辐射的跃迁，主要以热的运动形式消耗能量，即无辐射跃迁。

2. 受激吸收

当低能级 E_1 的原子吸收一定频率 ν_{21} 的外来光子时，原子的能量 $E_2 = E_1 + h\nu_{21}$（h 表示普朗克常数）。低能级 E_1 的原子被激发到高能级 E_2 上（见图 2-8），此时，外来光子被吸收，这一过程称为受激吸收。受激吸收过程中原子的跃迁不是自发的，要靠外来光子的刺激才能进行。

3. 受激辐射

受激辐射的过程如图 2-9 所示。处于高能级 E_2 的原子在一定频率 ν_{21} 外来光子的诱发下，从原来所在的高能级 E_2 上释放出与外来光子完全相同的光子，使原来的能量减少了 $h\nu_{21}$。高能级原子跃迁到低能级 E_1 上的这一过程称为受激辐射。

图 2-7　高能级 E_2 的原子跃迁到低能级 E_1 上　　图 2-8　低能级 E_1 的原子被激发到高能级 E_2 上

受激辐射本身不是自发跃迁，而是受到外来光子的刺激产生的。因为原子释放出的光子与外来光子的频率、传播方向、相位及偏振等完全一致，所以无法区分外来光子和受激辐射后产生的光子。受激辐射中光辐射的能量与光子数成正比，因此受激辐射后光辐射的能量增大一倍。

依波动观点看，设外来光子为一种波，受激辐射产生的光子为另一种波，由于两个波的频率、传播方向、相位及偏振相同，当两个波合在一起时能量会增大一倍，即受激辐射时光束被放大。当有更多的外来光子时，受激辐射的原子数也会相应增加，从而释放出更多的光子，光辐射的能量也随之增大。

从以上可知，受激吸收与受激辐射是在同一个整体之中相互对立的两个方面，发生的可能性是相等的，判断这两个方面哪一个占主导地位，取决于原子在两个能级上的分布情况。激光器发射的激光就是利用受激辐射实现的，令在激发态的原子数尽可能多些，以实现受激辐射。受激辐射时光束放大如图 2-10 所示。

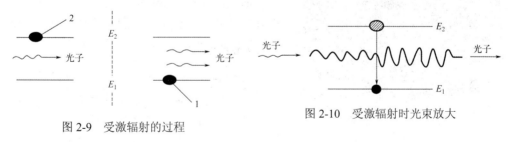

图 2-9　受激辐射的过程　　　　　　图 2-10　受激辐射时光束放大

2.2.5　激光产生原理

受激辐射的主要特点是输入一个能量为 $h\nu$ 的外来光子，可增加一个与它同频率、传播方向、相位及偏振的新光子，从而输出两个处于完全相同状态的光子。在一个外来光子的作用下，受激辐射持续进行的结果是可以获得大量特征完全相同的光子，这种作用称为光放大，激光就是受激辐射光放大。受激辐射光放大图如图 2-11 所示。

当频率为 ν 的光通过具有能级 E_2 和 E_1 的物质（$E_2 - E_1 = h\nu$）时，会在自发辐射的同时发生受激吸收和受激辐射两个相反的过程，且二者发生的概率是相同的。在正常情况下，处于低能级的原子数总是远远大于处于高能级的原子数，因此，受激吸收发生的概率要大于受激辐射。只有在外界能量的激发下，使处于高能级的原子数大于处于低能级的原子数时，受激辐射发生的概率才能大于受激吸收，这种分布状态称为粒子数反转。若一束光通过此物质，外来光子的能量正好等于这两个能级的能量差，此时受激辐射将处于主导地位。但在热平衡的条件下，原子几乎都处于原子基态中，因此，要产生粒子数反转是不可能的，除非外界向物质提供能量（称为激励），使物质处于非正常状态，才能实现粒子数反转。要形成激光，除了要求粒子数反转，还要有一些外部条件，以保证受激辐射持续进行下去。

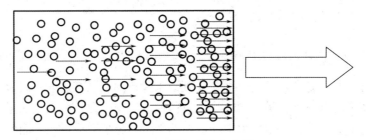

图 2-11　受激辐射光放大图

2.2.6　激光器

激光器一般由工作物质、谐振腔和激励能源 3 部分组成。工作物质为粒子数反转提供基础；谐振腔使受激辐射光不断增强；激励能源为粒子数反转提供外界能量。

第一台激光器如图 2-12 所示，它是 1960 年生产的红宝石激光器。

激光波长从 0.24μm 开始，包括可见光、近红外、红外，直到远红外的整个光频波段范围。

图 2-12　第一台激光器

1．激光器分类

激光器按不同的方式可分为不同的种类。

（1）按工作物质分为固体激光器、气体激光器、染料激光器、半导体激光器等。

（2）按谐振腔特性分为稳定谐振腔激光器、非稳定谐振腔激光器；按谐振腔结构分为外腔式激光器、内腔式激光器和半内（外）式激光器等。

（3）按激光运转方式分为连续激光器、脉冲激光器等。

（4）按激光器输出的波长分为红外激光器、可见光激光器、紫外激光器等。

2．典型激光器

机载激光器主要为钕玻璃、掺钕钇铝石榴石的固体激光器，以及二氧化碳激光器。

掺钕钇铝石榴石有 4 个能级，特性随温度变化很小，因此，适于制成连续和高重复率工作的激光器（不可用钕玻璃，因为其导热率太低、热膨胀系数太大）。

二氧化碳激光器以二氧化碳为工作物质，其波长为 10.6μm 和 9.6μm，既能连续工作又能脉冲工作。二氧化碳激光器如图 2-13 所示。特别是其波长正好处在"大气窗口"中，对人眼的危害比可见光和 1.06μm 的红外光小很多，因此，使用起来比较安全。

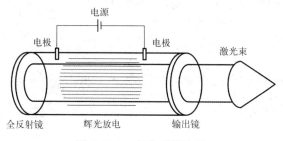

图 2-13　二氧化碳激光器

2.2.7　激光测距器的应用

目标距离是影响武器首发命中率的重要因素。脉冲激光测距器的基本原理和雷达脉冲延迟法测距原理基本相同，只是需要考虑激光在传播介质中的折射系数。激光测距器具有体积小、角度分辨率高、测距精度高、作用距离远和抗干扰能力强等优点。在配合武器使用时，能将首发命中率提高到 80% 以上，大大提高了武器系统的攻击力和准确性。

2.3　机载红外搜索跟踪系统

2.3.1　机载红外搜索跟踪系统介绍

雷达作为战斗机的主要目标探测工具，在空战中起着举足轻重的作用。由于雷达采用有源探测方式，工作时需要主动发射电磁波，所以易被敌方发现和干扰，特别是随着现代科技的不断发展，以及飞机隐身技术和电子对抗技术的进步，雷达的探测距离急剧下降，本身隐蔽性差、抗干扰能力弱的缺点越来越明显。同时，为了对抗雷达而发展的新武器和新战术也层出不穷，如对雷达实施压制或欺骗的电子干扰，可对雷达进行直接攻击的反辐射导弹等。此时，需要研制一种新型的探测工具，在正常情况下辅助雷达工作，因此，机载红外搜索跟踪（InfraRed Search and Track，IRST）系统产生并不断发展起来。苏-30 战斗机的机载红

图 2-14　苏-30 战斗机的机载红外搜索跟踪系统安装在其座舱玻璃的前方

外搜索跟踪系统安装在其座舱玻璃的前方，如图 2-14 所示。机载红外搜索跟踪系统与其成像图如图 2-15 所示。

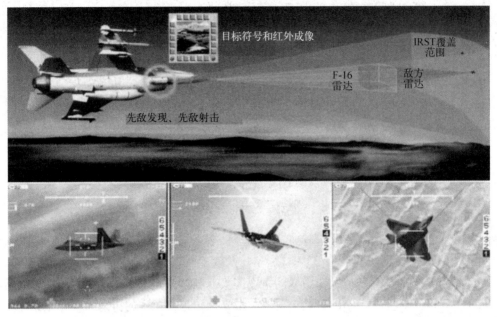

图 2-15　机载红外搜索跟踪系统与其成像图

2.3.2　机载 IRST 系统的功能及特点

机载 IRST 系统利用目标与背景之间的温差形成热点或图像来探测、跟踪目标，是机载武器火控系统的重要组成部分。机载 IRST 系统本身既能独立对目标进行探测和跟踪，为机载武器火控系统提供精确的目标方位，又可与雷达互相随动执行对目标的搜索和跟踪。机载 IRST 系统采用 InSb 元件，适用于空域监视、威胁判断、抗电子干扰、对面和对空导弹探测等作战任务，与机载其他电子设备配合使用可大大提高飞机在全波段、全天候、多方位、大纵深环境下的作战生存能力。

与雷达相比，机载 IRST 系统更像一个宽视场的监视雷达，除具有昼夜条件下的探测能力外，系统还具有以下两个显著的特点。

（1）抗干扰、抗隐身能力强，隐蔽性好。现代各种类型的作战飞机都将发展机载电子战技术和隐身技术放在突出的位置，采用有源探测方式的雷达虽然采取了许多抗干扰措施，但易受干扰仍是其脆弱的一面。相比之下，以被动方式工作的机载 IRST 系统本身不发射电磁波，抗电磁干扰能力强，能实现飞机隐蔽探测目标的功能，大大提高了飞机的生存能力。在强电子干扰环境下，可代替或辅助雷达搜索跟踪目标，是现代空战环境下的首选传感器。

（2）探测距离远，角度分辨率高，具有多目标搜索跟踪能力。因为现代战斗机往往高空、高速飞行，所以留给能成功拦截这种高空、高速目标的时间极短，而速度越快、高度越高，飞机的蒙皮气动热辐射就越强，机载 IRST 系统的探测距离就越远。此外，机载 IRST 系统的角度分辨率比雷达高得多,具有多目标搜索跟踪能力,在面对远距离密集编队的目标时将具有显著优势。

2.3.3 机载 IRST 系统性能指标

1. 探测波段

机载 IRST 系统的探测波段可选用 3～5μm、8～12μm,或者双波段。

2. 搜索跟踪范围

机载 IRST 系统的视场能达到 ±60°(−15°～+45°),可根据需要设置不同的搜索区域。

3. 目标分辨率和跟踪精度

机载 IRST 系统具有远程多目标搜索跟踪功能的目标分辨率不低于 3.4′,跟踪精度不低于 10.3′;不具有多目标搜索跟踪功能的目标分辨率不低于 6.9′,跟踪精度不低于 5.5′。

4. 目标跟踪最大角速度和最大角加速度

机载 IRST 系统的目标跟踪最大角速度不小于 250rad/s,最大角加速度不小于 150rad/s^2。

5. 目标探测距离

机载 IRST 系统具有远程多目标搜索跟踪功能的目标探测距离不小于 50km,不具有多目标搜索跟踪功能的前向探测距离不小于 10km,后向探测距离不小于 30km。

6. 输出信号

机载 IRST 系统的输出信号应包括工作状态、目标方位角、目标俯仰角、目标方位角变化率、目标俯仰角变化率和目标辐射强度。

2.3.4 机载 IRST 系统工作方式

下面以英国 FirstSight 为例,说明机载 IRST 系统的工作方式。该设备有 3 个主要的工作方式:搜索、捕获、单目标跟踪。

工作方式的转变可由飞行员控制或全自动执行。例如,飞行员选择一个区域搜索,设备会自动对探测到的最高优先目标进行单目标跟踪,或者在它进入单目标跟踪前等待飞行员指示一个被探测的目标。

1. 搜索方式

搜索方式如图 2-16 所示。搜索方式的主要目的是使飞行员能够搜索飞机前方的天空区域,辨别目标的位置。

当指定搜索区域和位置时,FirstSight 系统用间断和凝视原理扫描该区域。传感器依次搜索区域内的每个位置,储存被探测到的目标,并按优先序排列和关联。凝视时间是一个可调参数,取决于间关联的要求。当搜索区域扫描结束时,将目标按优先序排列,并将该信号发送给飞机。

2．捕获方式

捕获方式的目的是使传感器的视场转向 FirstSight 视场内的位置，探测可能的目标（不是像搜索方式那样进行大范围的扫描），并在给出指令时转入单目标跟踪。此外，捕获方式受许多外部系统（如头盔安装的瞄准具、驾驶杆操纵、外部搜索跟踪雷达）的控制。利用捕获方式可得到视频数据，因此有效的成像方式得以实现。此外，传感器的视场相对于飞机结构是固定的，产生的图像可以用于飞行、着陆的辅助材料。

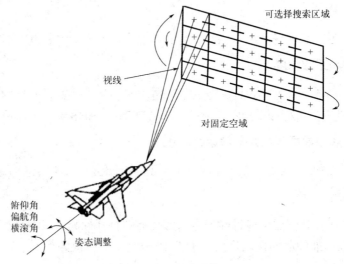

图 2-16　搜索方式

3．单目标跟踪方式

单目标跟踪方式（见图 2-17）提供跟踪位于 FirstSight 视场内的单个指定目标的能力。传感器视场中心对准搜索方式或捕获方式期间定位的目标位置。目标信息包括目标的位置（目标方位）、速度和距离。目标信息在每帧都得到适时修正，以保证视场的中心在目标上，并将目标的视频数据发送给飞机显示器，使武器和其他传感系统瞄准目标。

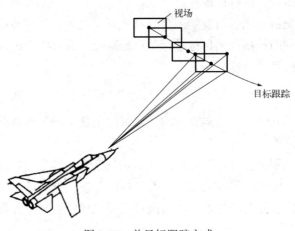

图 2-17　单目标跟踪方式

2.3.5　系统的安装与交联设备

机载 IRST 系统可与以下设备交联：平显火控系统、头盔指示/瞄准系统、机载火控雷达系统、大气机、惯导系统、无线电高度表、双杆及导弹离轴组件。

机载 IRST 系统加装激光测距器构成红外/激光搜索跟踪测距系统（光电雷达），在完成对空中目标搜索、跟踪的同时，可以测量目标的距离，为近距离格斗提供目标角坐标和距离信息，也可在目标指示状态下测量地面目标的距离。

2.3.6　现状与趋势

1．国外典型机载 IRST 系统的使用情况

1）AN/AAS-42 机载 IRST 系统

AN/AAS-42 机载 IRST 系统如图 2-18 所示。机载 IRST 系统的被动工作方式允许它能在"逆火"（Tu-22M）和护航战斗机携带的强大电磁干扰机的严重干扰下工作。要求机载 IRST 系统对 Tu-22M 的探测距离应达到 F-14 战斗机上 AIM-54 不死鸟（Phoenix）空-空导弹的有效探测距离。由于美国海军 F-14A 飞机的 AN/AWG-9 机载 IRST 系统在实际应用中性能达不到原设计指标要求，其探测距离达不到数百千米，并且从背景杂波中检测出目标也比较困难，因此，美国通用电气公司在 1981 年开始研制新一代凝视型焦平面 IRST（即 AN/AAS-42 机载 IRST 系统）。1990 年，该系统在美国海军太平洋导弹测试中心进行了广泛的飞机测试评估，测试结果满足 F-14D 飞机的战术性能要求。

图 2-18　AN/AAS-42 机载 IRST 系统

AN/AAS-42 机载 IRST 系统安装在 F-14D 飞机机头下方的吊舱内，三轴惯性稳定万向支架使系统能自动或在驾驶员手动控制下搜索多个扫描空间；系统既可独立工作，也可与 AN/APG-71 雷达配合使用以对目标进行探测和跟踪，并提供红外图像供飞行员进行目标识别；系统工作波段为 $8 \sim 12 \mu m$ 的长波波段，对目标具有全方位的探测能力。在晴朗天气下，该系统可在 185km 外探测目标飞机蒙皮摩擦产生的红外特征信号。目前，美国海军已有两个 F-14D 中队装备了 AN/AAS-42 机载 IRST 系统，部署在 4 艘航空母舰上。

图 2-19 PIRATE 机载 IRST 系统

2）PIRATE（Passive Infra Red Airborne Tracking Equipment）机载 IRST 系统

PIRATE 机载 IRST 系统（见图 2-19）由意大利、英国和西班牙组成的集团于 1992 年开始研制，1999 年进行飞行测试，装备在未来的台风（Typhoon）战斗机上。

PIRATE 机载 IRST 系统具有空-空、空-地两种功能。在空-空作战时，在变视场（两种）内可跟踪多达 12 个高速目标，跟踪精度小于 2mrad，并可实现目标威胁等级的排序。此外，系统还可提供高分辨率图像用于空-空和空-地的目标识别中。

因为系统采用了工作波段为 8～12μm 的高灵敏度传感器，且具有极低的虚警率，所以迎头探测目标的距离可达 74km。此外，系统还可与机载其他传感器实现数据融合，向平视显示器和多功能显示器提供数据和图像，用于在不良天气条件下的导航和地形回避。

2．现代战斗机对新一代机载 IRST 系统的要求

在未来的高技术战争中，因为战场环境更加复杂，此时，隐身和对隐身目标的探测能力将是新一代战斗机的重要特征，因此对新一代机载 IRST 系统的性能将提出更高的要求，归纳起来有以下 8 点。

（1）同时具有对空和对地的功能。

（2）具有宽视野和全方位（上视、下视、同高度和所有背景条件下）自动搜索和跟踪远距离空中目标的能力，可进行多目标跟踪和被动测距，允许和辅助机载火控系统进行多目标攻击并在电子干扰条件下发射武器。

（3）具有高角度分辨率，可用于识别红外图像。

（4）具有导弹来袭告警及威胁判断、排序能力。

（5）与机载其他传感器进行数据融合，输出数据以提高系统的可置信度和可靠度，改善探测水平、降低不确定性，增强雷达电子对抗能力。

（6）在进行空-地攻击时，可提供定位和提示信息。

（7）夜间和不良气象条件下具有辅助着陆功能。

（8）具有辅助低空导航和地形回避功能。

3．机载 IRST 系统的技术发展趋势

1）探测器件

（1）探测器件由单波段向双波段发展。早期的机载 IRST 系统工作在 3～5μm 波段，主要用于探测飞机发动机的热辐射。为了提高对飞机的迎头探测距离，目前的机载 IRST 系统大多选择工作在 8～12μm 的长波器件。由于受目标伪装、环境干扰、辐射波段移动等的影响，单波段红外探测系统的探测能力和准确度下降，因此采用 3～5μm 和 8～12μm

双波段的探测器件。这种使用双波段探测器件的方法，一方面可以提高系统对假目标的鉴别能力，另一方面可以使阈值电平降低，提高系统的探测能力。随着多元双色探测器件的成熟，新一代机载 IRST 系统逐渐开始采用双色探测器件。

（2）探测器件元数的增加。机载 IRST 系统的探测器件元数由单元、线列器件发展到目前的阵列器件。随着红外焦平面器件工艺的成熟和成本的降低，采用凝视型焦平面阵列器件成为一种趋势。

凝视型焦平面阵列器件具有以下优点：探测器面积小、灵敏度高，增加了探测距离；采用凝视探测方式，减少了光-机扫描带来的系统复杂性，并使探测器有足够的时间汇聚目标的红外辐射，增加了探测距离；采用电荷耦合器件（Charge Coupled Device，CCD）进行信号处理，处理速度快，便于把目标从背景杂波中检测出来，同时因为探测器在同一瞬间同时提供目标和背景的连续数据，也便于检测目标信号和降低系统的虚警率。

2）大容量、高速度数据处理能力

由于凝视型焦平面阵列器件包含了大量的探测元件，因此信号处理量大，需要高速处理机对信号进行处理。尤其在边扫描边跟踪多目标的情况下，更需要容量大和处理速度快的处理机对信号进行处理，超高速集成电路将大量应用在红外信号处理中。

3）多传感器管理和信息融合技术

机载 IRST 系统与前视红外、激光测距、通信导航识别等系统综合使用的结果使传感器的成本、体积、质量急剧增加。传感器之间的智能化控制管理及各传感器的信息融合技术成为目前的重点研究方向。

2.4　前视红外/激光瞄准吊舱

2.4.1　前视红外/激光瞄准吊舱简介

美国战斗机对地攻击战术的最大变化在于战斗机实施对地攻击的高度越来越高，这使战斗机能够远离防空炮火和机动地-空导弹的有效作战高度。

美国战斗机在科索沃、阿富汗和伊拉克进行空袭的高度一般大于 9144m。美国战斗机在这么高的地方仍能对地面进行精确轰炸，要归功于其所挂载的红外瞄准吊舱。

瞄准吊舱通常包括一个安装在转环万向支架上的机载前视红外（Forward Looking InfraRed，FLIR）系统和一个激光标识器。前视红外系统可以向飞行座舱显示屏提供目标区的热成像图像，激光标识器用于对目标进行"照射"，使激光制导炸弹能够击中目标。此外，瞄准吊舱可以使机组人员在远程或高空中持续不断地捕获并确认战术目标，且在恶劣天气条件下仍可使用，这使得机组人员在不造成误伤或者平民伤亡的情况下可使用精确制导武器来摧毁地面目标。

在伊拉克战争中，美军利用航母舰载机 F-18 监视伊拉克地面动态的目标并进行攻击。由于伊拉克武装分子的地面火力并不频繁，因此伊拉克上空被列为"低威胁空域"，

F-18 可以以较低的高度飞行，使用 20mm 航炮对地面目标进行攻击，但在大多数情况下首选的对地攻击武器是约为 227kg 的 GBU-24 精确制导炸弹。在执行夜间任务时，F-18 使用瞄准吊舱的夜视感应器来监视地面动态的目标。

F-18 机腹下挂载的前视红外/激光瞄准吊舱如图 2-20 所示，这一造价 120 万美元的设备比最初型号的有效性提高了近 5 倍。它能在 6000～7000m 的高空非常清楚地发现距离战斗机 40km 外的人员活动。飞行员能够观察到隐蔽在屋顶、建筑物后准备伏击联军或军队的伊拉克武装分子。这一设备的放大倍数白天为 60 倍，夜间为 30 倍，由于能感知到地面温度的差异，因此夜间获得的影像更为清晰。

图 2-20　F-18 机腹下挂载的前视红外/激光瞄准吊舱

20 世纪 80 年代以前，因当时机载 FLIR 系统尚未发展到实用的水平，大多机载瞄准系统采用可见光电视图像瞄准显示。目前，几乎所有的机载瞄准系统都采用了机载 FLIR 系统。

可见光电视属于一种被动式传感器，成本低、分辨率较高，但要根据目标与背景的对比度寻找目标，往往在晴朗的白天识别和攻击高对比度的目标，在夜间及低能见度天气条件下时受到限制。为避开空中与地面的攻击，作战飞机大多在夜间或不良气象条件下进行作战，此时无法使用可见光探测器。

借助机载 FLIR 系统，可不受夜间或不良气象条件的限制而进行有效的作战。作战飞机装备了机载 FLIR 系统后作战效果颇佳，故近年来该系统获得迅速发展。

机载 FLIR 系统将目标和背景的红外辐射转变为视频信号并以电视方式直接显示出来，主要用在飞机和导弹方面，是一种重要的机载无源探测夜视设备及武器精确制导火控设备。机载 FLIR 系统能借助红外成像设备减轻在微光及夜间飞行的风险。该项技术以测量一个物体相对于其背景所散发的热量为基础。

分辨热辐射的微小差异，并在显示器上展现热图像，提高了人透过完全黑暗、浓雾及其他低能见度状况看见物体的能力。在军用航空中，该红外图像通常是显示在飞行员的一个小屏幕上，但实际看到的不是可见光在屏幕上呈现的图像，而是红外光所呈现的图像。红外传感器提高了飞行员对当前飞行环境的把握。

　　第一代瞄准吊舱于 20 世纪 80 年代末投入使用，如美国空军 F-16、F-15E 挂载的蓝盾吊舱（见图 2-21）、海军 F/A-18 挂载的夜鹰吊舱，其中以蓝盾吊舱最为典型。蓝盾吊舱由美国空军航空系统部于 1980 年投资 9400 万美元，由洛克希德·马丁公司研制，这种机载吊舱式光电系统适用于单座和双座飞机夜间低空飞行，通过激光或红外制导武器来攻击地面目标。1988 年交付第一台目标瞄准吊舱，此后开始大量装备在美国空军和海军的战斗机中。蓝盾吊舱是一种导航和目标瞄准分置的机载吊舱式光电系统，但由于第一代前视红外系统和激光标识器的探测距离有限。在 1996 年至 1997 年，美国海军为其 F-14 战斗机购买的蓝盾吊舱使用了新的改进型激光器，目标瞄准距离从原来的 7600m 扩大到 12200m。

图 2-21　蓝盾吊舱

　　目前加入美军服役的先进瞄准吊舱采用了新型远程、高清晰度的前视红外系统和更高能量的激光标识器，这使机组人员能在 15200m 甚至更高的地方确认地面目标，并使用激光制导或者 GPS 炸弹对地面目标实现精确轰炸。这些新型先进瞄准吊舱包括雷顿公司的先进瞄准前视红外系统（取代海军 F/A-18 的夜鹰系统）、洛克希德·马丁公司的狙击手增程型设备（安装在空军 F-16、F-15E、A-10 战斗机上）、诺斯罗普·格鲁门公司的莱特宁先进瞄准系统（海军陆战队 AV-8B、空军预备队、空军国民警卫队 F-16 战斗机使用的莱特宁-II 型的最新改进型）。

　　除了使用改进型的前视红外系统外，瞄准吊舱还采用了具有聚焦功能的高清晰度电视摄像机、激光光斑跟踪器。高清晰度电视摄像机增强了在白天进行远程目标识别和武器投放的能力，激光光斑跟踪器则可以使机组人员定位并精确攻击地面部队或者无人机用激光标识器标明的地面目标。

2.4.2　前视红外/激光瞄准吊舱功能

　　机载 FLIR 系统不像雷达那样因发射电磁波而易被敌方探测和干扰，其探测距离比雷达近（仅 10～15km）且不能测距，但其成像质量比雷达高，因而目标识别性能强。

　　机载 FLIR 系统与日光/微光电视及夜视镜相比，成像质量较低，但不依赖月夜星光的微弱可见光及近红外照射，在暗夜条件下同样能正常工作，亦不受目标伪装的影响，故机载 FLIR 系统常为无源夜视设备。它并不发射探测能量，且具有隐蔽性，是一种有效的隐身技术。机载 FLIR 系统主要具有如下 3 种功能。

（1）低空导航。机载 FLIR 系统的前视红外传感器可在夜间及不良气象条件下显示作战飞机航路前方的地形、地物图，并将其叠加在飞行员前方的显示器上，提供航路上的地形、地物信息，帮助作战飞机低空导航。机载 FLIR 系统与无线电高度表、地形跟随雷达、惯性导航系统、数字地图显示器及全球定位系统等相配合可更好地进行夜间低空导航。作战飞机可在 60m，最低 30m 时进行夜间低空飞行。

（2）目标搜索与识别。前视红外传感器对航向前方及两侧进行搜索，并将信息及时输入自动目标识别系统，它作为雷达与目视之间的一种补充，可昼夜使用。机载 FLIR 系统在远距离用红外点源搜索探测，在近距离进行成像识别与跟踪。性能先进的机载 FLIR 系统还具有空-空的红外搜索与跟踪功能，以便有效地攻击空中或地面目标。

（3）目标跟踪与瞄准。瞄准吊舱的红外传感器一旦捕获目标，系统就进入自动跟踪状态，并向激光指示/测距系统发出指令，进入激光瞄准状态，以便投掷激光制导武器。在整个攻击过程中允许飞机机动飞行，以避开地面防空火力的袭击。

此种前视红外/激光瞄准吊舱系统通常由三轴平台稳定的机载 FLIR 系统用宽视场搜索和识别后，改用窄视场精确跟踪目标，再由与其同光轴的激光标识器照射并测距，最后由本机或友机实施攻击。其光学系统具有两个可转换的视场，宽视场用于导航，窄视场则用于瞄准，而红外探测器仅有一个。它可使作战飞机在夜间接近目标，在大于 12km 的距离上探测到目标，在 7km 的距离上分辨出目标，并在 3～6km 的距离上发射武器攻击目标。

2.4.3 瞄准吊舱组成

瞄准吊舱组成及工作情况如图 2-22 所示。瞄准吊舱一般包括以下子系统：光学系统（FLIR 光学系统、TV 摄像机）；前视红外及电视系统（FLIR、TV 视频、FLIR/TV 图像处理器）；激光测距/照射系统（激光发射/接收光学、激光发射/接收）；伺服系统（随动系统，瞄准线跟踪、稳定平台，随动系统控制计算机）；吊舱控制计算机；温控系统等。

瞄准吊舱中的前视红外及电视系统将视场中景物的光信号变为电信号，一路送给显示器，飞行员通过显示的景物图像来观察、识别目标，并进一步对目标进行捕获跟踪和瞄准；另一路则由图像处理器得出目标的位置误差信号，供伺服系统使用。在完成对目标的跟踪后，利用激光测距/照射系统进行测距。此时，瞄准吊舱一方面可以从前视红外及电视系统中得到目标的角度信息及相应的变化率，另一方面可以从激光测距/照射系统中获取目标的距离信息，供火控解算瞄准使用。

在对目标实施激光制导武器攻击时，需要首先利用激光照射器对目标进行照射，以便为激光制导武器提供精确的目标引导。

为保证上述功能可以正常实现，瞄准吊舱设计消旋机构，以保证景物、目标的图像符合人正常的视觉效果；设计稳定平台机构以消除飞机振动对瞄准效果的影响；设计温度环境控制系统来保证瞄准吊舱电子设备的正常工作。

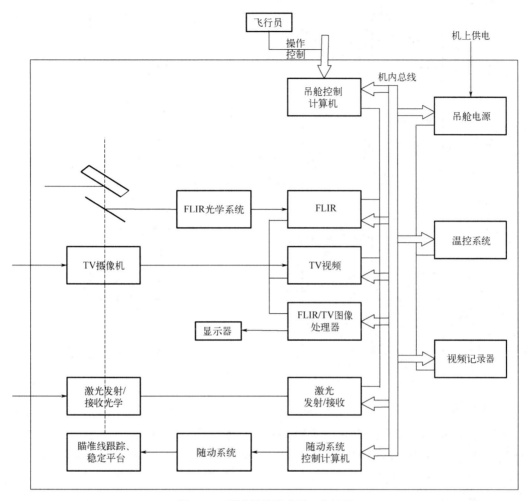

图 2-22 瞄准吊舱组成及工作情况

2.4.4 机载 FLIR 系统性能指标

目前，机载 FLIR 系统的典型战术数据：探测距离通常为 10～20km，也可达 30km；扫描头可旋转 360°，俯仰角大多为 0°～20°，有的俯仰角可为–40°～+80°；系统反应时间大多在数秒以内，且虚警率较低；目标指示精度在 1mrad 以内。

2.4.5 交联设备与接口

交联设备与接口如图 2-23 所示。瞄准吊舱可与双杆操纵、火控计算机、平视显示器、多功能显示器、卫星定位仪、雷达、惯导系统、头盔瞄准显示系统、导航吊舱等设备交联。

2.4.6 机载 IRST 系统与 FLIR 系统的区别

虽然机载 IRST 系统与 FLIR 系统都属于机载红外系统并均用于火控中，但两者在很多方面有相当大的不同。

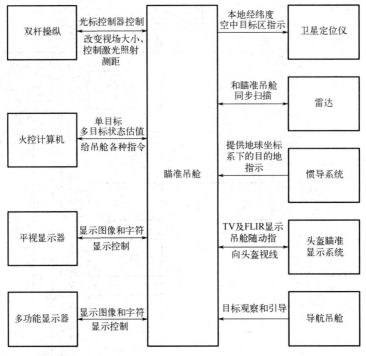

图 2-23　交联设备与接口

1．功能不同

机载 IRST 系统用于机载空-空火控系统中，对空中目标进行搜索和跟踪，可全天候使用；机载 FLIR 系统用于机载空-地火控系统中，作为夜视传感器，主要用于夜间和不良气象条件下对地面目标的导航和攻击。

2．工作原理不同

严格地讲，第一代机载 IRST 系统不是成像系统。机载 IRST 系统一般采用 3～5μm 波段的中波器件探测目标辐射。由于空中背景相对地面背景来说比较简单，因此可以把目标作为热点与背景区分，对目标进行搜索和跟踪；机载 FLIR 系统大多采用 8～14μm 的长波器件，以探测目标和地面背景的温差成像。飞行员通过图像完成对目标的搜索、捕获、识别和跟踪。由于地面背景复杂，飞行员不可能跟踪热点完成上述任务（尤其是目标识别任务）。

3．扫描视场和截获跟踪方式不同

机载 IRST 系统的搜索范围、扫描方式和截获跟踪方式与雷达类似，目标的截获和跟踪不需要人工参与；机载 FLIR 系统大多具有宽、窄两个视场，宽视场用于探测，窄视场用于识别和跟踪，一般不进行大范围的扫描，目标的探测和识别需要人工参与。

4．探测、跟踪算法不同

由于机载 IRST 系统的视场大，导致每帧频有大量的像素数，比机载 FLIR 系统高出数倍。帧频时间根据作战要求不同设置在 1～10s。此外，在采用高速计算机及相关算法的情况下，易于实现多目标跟踪；机载 FLIR 系统由于需要实时显示，为避免画面闪烁以便人工识别，工作帧频一般在 25～30 帧/s，不进行多目标跟踪。

5．安装形式、位置不同

机载 IRST 系统一般采用半埋形式，安装在机身座舱玻璃前方，利于空-空搜索和跟踪；机载 FLIR 系统大多采用吊舱形式，挂装在飞机机身下方，利于多机使用。在新一代作战飞机上，从隐身角度考虑，机载 FLIR 系统有向机内安装的趋势。

从技术发展趋势和国外装备现状来看，机载 IRST 系统与 FLIR 系统作为机载光电系统两个功能不同的组成部分，在今后相当长的一段时期将共同存在。

2.4.7　国外装备使用情况

在海湾战争和科索沃战争的推动下，各国空军竞相发展并采购机载 FLIR 夜间导航与瞄准系统。各国新研制的武装直升机，如美国的 RAH-66 型"科曼奇"隐身武装侦察直升机、俄罗斯的卡-60 型武装直升机、法国和德国合作研制的"虎"号武装直升机、南非的 CSH-2 型"石茶隼"号武装直升机、意大利的 A-129 型"猫鼬"号武装直升机等都采用了性能先进的机载 FLIR 系统。由于机载 FLIR 系统属于高科技产品，技术复杂、成本高，因此目前仅有为数不多的国家参与研制与生产。

1．F/A-18"先进瞄准前视红外系统"吊舱

美国海军的"先进瞄准前视红外系统"是性能得到极大提高的第 3 代光电瞄准吊舱，该吊舱能探测、识别和跟踪空-空导弹与空-地导弹，自动投放现有激光制导武器与防区外武器。军用编号为 AN/ASQ-228（见图 2-24）的吊舱将被用来取代 F/A-18 战斗机原装备的 3 种吊舱（战术前视红外吊舱、导航前视红外吊舱、激光显示器）。它集 F/A-18C/D、F/A-18E/F 战斗机上的 AN/AAS-38、AN/ASS-46 战术瞄准吊舱、AN/ARR-55 导航前视红外吊舱的功能于一体，在恶劣气象和电磁干扰条件下的探测和攻击能力有较大提高，此外战斗机的机翼下还可以多挂载一件武器。F/A-18E 是第一种采用该吊舱的战斗机。

图 2-24　AN/ASQ-228

"先进瞄准前视红外系统"把瞄准和导航前视红外、光电传感器、激光测距器和目标

照射器以及激光光斑跟踪器组合进一个装置中。吊舱长为 1.83m，半径为 0.31m。这种红外传感器采用凝视中波红外焦平面阵列，与目前海军和海军陆战队使用的蓝盾吊舱和 AAS-38 夜鹰系统相比，性能有极大提高，发现、分辨目标的距离和高度要 2 倍于蓝盾吊舱，4 倍于夜鹰系统。吊舱采用了新型高能量激光显示器，目标确认高度可达 15200m。

"先进瞄准前视红外系统"吊舱于 2001 年 5 月进入小批量生产阶段。第一批吊舱于 2003 年春天交付给"尼米兹"号航母，安装在航母舰载机联队的新型单座 F/A-18E、双座 F/A-18F 的超级大黄蜂战斗机上。F/A-18E 中队装备的 12 架战斗机拥有 10 套这种吊舱，F/A-18F 中队装备的 14 架战斗机拥有 12 套这种吊舱。

2．狙击手增程型瞄准吊舱

狙击手增程型瞄准吊舱（见图 2-25）采用高分辨率中波第三代前视红外模块、双工作状态激光器和电荷耦合器件电视摄像机、激光光斑跟踪器和激光标识器，长为 2.38m，半径为 0.3m。与其他瞄准吊舱的外形不同，其前端是一个独特的楔形设计，这种设计可以减少吊舱的雷达反射截面。狙击手增程型瞄准吊舱可以在飞机机身下以超音速飞行。

图 2-25　狙击手增程型瞄准吊舱

狙击手增程型瞄准吊舱的目标分辨能力是第一代蓝盾吊舱的 3.5 倍，吊舱在超过 15200m 的高度上仍然能够精确地分辨目标。由于其前视红外传感器、电视摄像机和激光传感器共用一个光圈，因此可自动校准这些设备之间的瞄准误差。

美国空军 2001 年 8 月与洛克希德·马丁公司下属的导弹公司和火控公司签署了一份为期 7 年的合同，采购了 522 套吊舱，总价值超过 8.43 亿美元。

狙击手增程型瞄准吊舱将用于 F-16C 和 F-15E 型战斗机中，吊舱可以自动判断出所挂载机型的种类，然后启动相关战斗机的软件界面，无须重新编写程序。

狙击手增程型瞄准吊舱的出口型被命名为潘特拉，用户位于挪威和波兰等地区。

3．莱特宁先进瞄准吊舱系统

莱特宁先进瞄准吊舱长为 2.22m，半径为 0.41m，其感应器安装在一个稳定型万向支架上。除了具备一个高清晰度的前视红外传感器、激光标识器、激光光斑跟踪器、激光测距器，吊舱还安装了两部具有宽、窄视场的电荷耦合器件电视摄像机。吊舱全重200kg，通过一根电缆与机上的电子设备相连。同时，机上的火控系统软件无须任何改动，即可将该吊舱安装在各种战斗机上，提高了战斗机对地攻击的精度和完成轰炸的效能。该吊舱还可提供实时图像，使机组人员能更加灵活地采用精确制导武器或常规武器对目标进行识别与攻击。在"伊拉克自由行动"中，莱特宁-II 型吊舱参加了一件历史性的事件：一架 B-52 轰炸机使用空军后备队 F-16 战斗机上的莱特宁-II 型吊舱首次向伊拉克的一个雷达设施和一个机场指挥中心投掷了激光制导炸弹。2003 年 2 月和 3 月，B-52 轰炸机进行了 6 次挂载莱特宁吊舱的飞行实验，同时进行了相应改装并被部署至海外战区。莱特宁吊舱传感器收集的图像显示在雷达导航员 10 英寸×10 英寸的显示屏上。

4．MTS-B 型多光谱瞄准系统

捕食者无人机及其 MTS 多光谱瞄准系统，如图 2-26 所示。转台单元内部装有红外/可见光电视、激光测距器、激光指示器和激光照射器，还提供多波长传感器，近红外和彩色可见光摄像机、照射器、人眼安全激光测距器、激光光斑跟踪器等一系列安装选项。MTS 多光谱瞄准系统用于远程监视和对高空目标的捕获、跟踪，提高了海尔法导弹等激光制导弹药精确打击目标的能力。

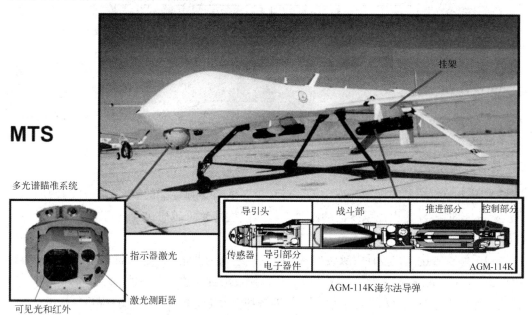

图 2-26　捕食者无人机及其 MTS 多光谱瞄准系统

MTS 多光谱瞄准系统采用雷神公司研制的局域图像处理技术（自动的图像优化技术），融合输出的图像信息量明显优于单波段的图像。另外，它可以最大限度地显示图像信息，提高态势感知和远距离监视能力，且内部的图像跟踪器具有重心、区域和特征跟踪模式。

第3章 空−空导弹红外导引系统原理

3.1 空-空导弹武器系统

3.1.1 空-空导弹武器系统组成

空-空导弹武器系统（见图 3-1）包括空-空导弹、导弹火控系统、导弹发控系统、导弹测试设备和导弹保障设备。

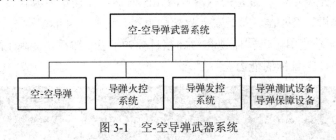

图 3-1 空-空导弹武器系统

1. 空-空导弹

空-空导弹是空-空导弹武器系统的核心，直接体现了导弹武器系统的性能和威力，是飞机攻击空中目标的主要武器。

2. 导弹火控系统

导弹火控系统是发挥导弹作用的关键环节，随着导弹性能的提高、功能的增加和使用范围的扩展，导弹火控系统的功能越来越多，性能越来越先进，其组成部分包括：

1）目标搜索跟踪系统

（1）跟踪雷达。在各种气象条件下，跟踪雷达用于搜索、跟踪目标，测定目标相对载机的方位、距离、相对速度等，这些信息是导弹攻击目标的必备条件。跟踪雷达为半主动雷达导弹提供直波照射和目标照射，为数据链和惯性制导的中制导导弹提供数据链传输。

（2）光电跟踪系统。光电跟踪系统由红外搜索跟踪系统、激光测距器组成，系统搜索、跟踪目标的功能与跟踪雷达相同，既可单独使用，也可在跟踪雷达有故障时使用。光电跟踪系统实现了无线电静默，提高了抗干扰能力。

2）火控计算机

火控计算机除了能在多目标状态下完成对目标威胁程度的判断，还可以计算导弹的允许发射区和导弹飞行的任务参数，并提供导弹的显示信息。

3）显示器

显示器可以向飞行员显示多种字符和图表，提供发射导弹必要的信息，包括导弹最大、最小发射距离，载机与目标的相对距离等。

3．导弹发控系统

导弹发控系统由发射装置和机上发控线路组成，其中，发射装置由发射架和设置在发射架内的发控电路盒组成。发射架用于悬挂导弹，发控电路盒和机上发控线路用于导弹供电、信号传输、导弹发控程序等部分。

4．导弹测试设备和导弹保障设备

导弹测试设备包括导弹地面测试设备和发控系统测试设备。导弹测试设备用于导弹挂飞使用前，在地面上对导弹进行功能的检测，判断其能否使用；发控系统测试设备用于检测机上发控线路和导弹发控系统的电器线路是否正常。

导弹保障设备包括校准设备、起吊设备、运弹车、电源车、气源车等。

3.1.2 导弹和火控系统的信号交换

1．导弹输出给火控系统信号

导弹在准备发射的过程中，输出给火控系统的信号一般有以下 5 种。

（1）导弹存在信号：标识导弹的数量、类型、状态。

（2）导弹探测截获、跟踪目标的音响信号、角位置信号。

（3）雷达半主动导弹接收机完成机械调谐后的返回信号。

（4）发射前，导弹自动检测后的返回信号。

（5）导弹发射后的离开信号。

2．火控系统输出给导弹信号

根据不同类型导弹不同的工作原理，火控系统输出给导弹以下 9 种不同的信号。

（1）导引头角度预偏信号，该信号使导引头在发射前偏转一角度，以便捕获、跟踪目标。

（2）发射导弹时载机的高度、马赫数信号，该信号用于设定自动驾驶仪回路的参数，改善其动态性能。

（3）目标距离信号，该信号改变制导回路的时间参数，使导弹在不同距离发射时均有较好的导引性能。

（4）初始航向误差修正信号，该信号消除发射时航向误差对导引精度的影响。

（5）横滚指令信号，该信号使导弹发射后横向偏转一角度，使导弹上接收天线与载机雷达的极化方向相匹配。

（6）雷达半主动型导弹多普勒频率预定信号，该信号使导引头的速度跟踪回路处于预定的跟踪状态。

（7）迎头或尾后攻击信号。具有全向攻击能力的红外型导弹，利用该信号来调整导引系数以满足导引精度的要求。

（8）攻击目标类型信号。目标类型有大目标（轰炸机）与小目标（歼击机）之分，该信号用来控制末制导终端是否启用超前偏置控制信号。

（9）载机姿态参数信号，该信号表示载机位置在惯性系中的分量，目标位置、速度在惯性系中的分量等参数，用于载机惯导与弹上惯导对准及导航算法中。

上述这些信号分别用在不同类型的空-空导弹上，起着不同的作用，性能先进的空-空导弹还需要火控系统输入一些其他信号。

3.2 红外技术在空-空导弹上的应用

3.2.1 红外技术的应用

赫谢尔在1800年观测太阳时，用灵敏温度计比较太阳光谱中不同部分的加热能力，发现越向光谱的红端移动，温度升得越高，这就是红外线的由来。红外线的发现在物理学发展史上具有重要意义，目前红外技术已在军事及国民经济的各个领域得到广泛应用。

热成像红外制导导弹（见图3-2）是红外技术在军事领域的一种典型应用。

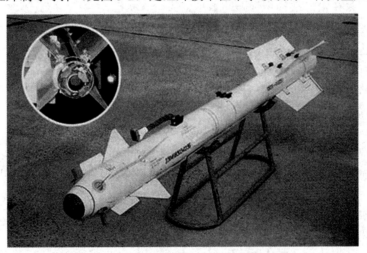

图 3-2 热成像红外制导导弹

美国在 U-2 飞机（见图 3-3）上安装了红外照相机，采用的前视红外技术使实时侦察能力大为增强。

3.2.2 红外制导空-空导弹的发展

如今，红外制导武器的种类越来越多，性能越来越好，杀伤力也越来越大，人们赞誉某些性能先进的红外制导空-空导弹为"决胜长空的利剑"，它的发展还要从最早的"响尾蛇"导弹说起。

图 3-3　U-2 飞机

响尾蛇是一种毒性很强的蛇，主要分布在亚洲、欧洲、美洲等地区。响尾蛇运动时，尾部会因摩擦发出响声，"响尾蛇"的名字由此而来。生物学家曾做过一个有趣的实验：将响尾蛇头部的感觉器官全部包住，只留出眼与鼻孔之间的颊窝。此时，将黑纸包着的灯泡对准它，灯泡不通电时响尾蛇一动不动，由于灯泡通电后会发热，响尾蛇马上警觉起来。若将灯泡向其靠近，它会凶猛地向灯泡发起攻击，由此人们发现响尾蛇的两个颊窝对温度异常敏感，它不但能感知体温略高于周围环境温度的生物或物体，而且分辨温度的能力可以达到 0.03°。响尾蛇通过感受温度场来判别猎物的方位和距离。

实际上，响尾蛇利用的是物理的热辐射（红外辐射）原理。导弹专家根据响尾蛇利用其颊窝的红外敏感性来探索攻击目标的原理，设计制造出一种红外制导的新式导弹。因此"响尾蛇"是世界上第一代使用红外导引头的空-空导弹的名字，武器代号为 AIM-9。

这个时期发展的红外制导导弹是第一代红外制导武器。第一代红外（点源）制导导弹的导引头采用非制冷硫化铅探测器，单个旋转扫描，工作波段为 1～3μm，灵敏度低，抗干扰能力差，探测距离近，只能探测飞机喷气发动机尾喷管的红外辐射，攻击范围局限于目标后方狭窄的扇形区域，主要的攻击目标是轰炸机。代表性导弹如美国的"响尾蛇"AIM-9B（见图 3-4），其探测距离为 2～10km，最大飞行速度 1.7～2.5 Ma（马赫数），作战高度为 1.2～15km。这一代导弹只能利用调制盘的调制信息从空间、能量上区分目标和背景，因此不具备抗红外诱饵干扰的能力，目前这一类武器已停止使用。

在 20 世纪 60 年代中期，开始出现超音速轰炸机和歼击机，此时，第二代红外（点源）制导导弹应运而生，并很快装备在部队中。这一代导弹采用制冷锑化铟探测器，工作波段为 3～5μm，采用圆锥扫描，增大了探测距离和攻击范围，实现了后半球寻的攻击或中距拦射，改进了调制盘并提高了位标器的跟踪能力，同时在处理电路上进行了改进，使这一代导引头的作战性能得到了较大提高，可以迎头攻击和全天候使用。代表性导弹如 AIM-9D，其探测距离为 8～22km，最大使用高度为 25km。这一代导弹具备有限的抗红外诱饵干扰的能力。

图 3-4　美国的"响尾蛇"AIM-9B

　　第三代红外（点源/准成像）制导导弹于 20 世纪 70 年代中期被有关国家用来装备部队。这一代导弹采用制冷锑化铟探测器，工作波段为 3～5μm，采用十字交叉/玫瑰花扫描等体制，具有探测距离远、探测范围大、跟踪角速度高等特点，有的还具备自动搜索和自动截获目标的能力，同时可以全向攻击，以便适应当时空中格斗的需要。典型的代表为美国的 AIM-9L（见图 3-5），其全弹长为 2.87m，弹径为 0.127m，发射质量为 87kg，最大射程为 18.5km，速度最快可达 2.5 Ma（马赫数）。这一代导弹可以从空间、能量上细分目标和背景，具备较强的抗干扰能力。

图 3-5　美国的 AIM-9L

　　2003 年 10 月，美国海军航空系统司令部宣布：经过多年试验，AIM-9X"响尾蛇"近程空-空导弹（见图 3-6）已具备初始作战能力。长期以来，由于歼击机只能对前方的目标进行攻击，因此，飞机尾后成了最易受敌人攻击的部分。为了加强尾后自卫能力，AIM-9X 导弹通过加装推力矢量装置等方法，可以使导弹离开发射架后迅速爬升，接着掉头 180°，从载机上方向后飞行，以攻击尾追载机的敌机，这使战斗机的近距离机动作战能力更强。AIM-9X 导弹的质量为 85kg、弹长为 3m，没有弹翼，只有 4 个很小的矩形尾翼，速度达 3 Ma（马赫数），最大射程为 19km。AIM-9X 导弹是第 4 代红外（成像）制导导弹。

图 3-6　AIM-9X "响尾蛇" 近程空-空导弹

AIM-9X 红外成像导引头 "拍摄" 的 QF-4 无人靶机，如图 3-7 所示。这一代导弹采用制冷锑化铟/碲镉汞线阵列/多元凝视焦平面成像探测器，工作波段为 3～5μm 或 8～12μm，通过成像制导技术对目标和背景的温差形成的红外图像进行探测、识别和锁定，大幅度提高了探测能力，可以全方位探测、攻击目标。其灵敏度高、抗干扰能力强、探测距离远、隐蔽性好、制导精度高，但不能全天候工作。这一代导弹可以从红外图像轮廓、红外辐射、运动轨迹上细分目标和背景，具备极强的抗干扰能力。

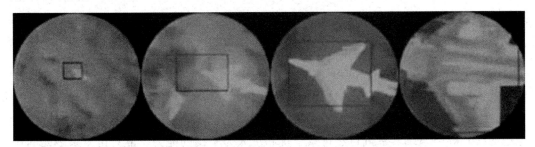

图 3-7　AIM-9X 红外成像导引头 "拍摄" 的 QF-4 无人靶机

综上所述，4 代红外制导空-空导弹各自适应的场景如下：第一代红外制导空-空导弹适用于从尾后攻击机动能力小的目标；第二代红外制导空-空导弹能从后侧方攻击机动目标；第 3 代红外制导空-空导弹可以全向攻击机动能力大的目标；第 4 代红外制导空-空导弹可以攻击尾后目标。

红外导引头发展历程如表 3-1 所示。

表 3-1　红外导引头发展历程

类型	探测器	工作波段、原理	代表型号	抗干扰能力
第一代 （点源）	旋转扫描	1～3μm 单探测器 尾后攻击	SA-7 AIM-9B	无或很有限

类型	探测器	工作波段、原理	代表型号	抗干扰能力
第二代 （点源）	圆锥扫描	$3\sim5\mu m$ 多探测器 尾后攻击	SA-14 SA-16 AIM-9D	有限的抗红外诱饵干扰能力
第 3 代 （点源/准成像）	十字交叉/玫瑰花扫描	$3\sim5\mu m$ 多探测器 全向攻击	AIM-9L R-73 SA-18	增加运动轨迹识别、光谱鉴别
第 4 代 （成像）	线阵列扫描/凝视成像	$3\sim5\mu m$、$8\sim14\mu m$ 小型矢量探测器 全向攻击	MICA AIM-9X Python-5 ASRAAM	增加红外双色鉴别、面积形状鉴别

3.2.3　红外导引系统的特点

红外导引系统一般具有以下 5 个方面的特点。

（1）探测距离远。红外导引系统的探测距离是其探测或跟踪目标的最大距离，这取决于系统的探测灵敏度、目标的红外辐射特性、大气传输特性及背景干扰等因素。

（2）抗干扰能力强。红外导引系统能在太阳、云团以及人为干扰的环境下工作。先进的红外导引系统具备抗自然背景干扰和抗人为干扰的能力，能对付复杂多变的作战环境。

（3）导引精度高。红外导引系统的导引精度较其他导引系统高。

（4）分辨目标的能力高。先进的红外导引系统具有高的角度分辨率，有利于多目标识别、多目标选择。

（5）其他方面的特点。红外导引系统一般还具有体积小、质量轻、能耗低等特点。

3.3　导弹导引系统的组成及工作原理

3.3.1　导弹导引方法

导弹和目标相对运动的几何关系如图 3-8 所示。其中，各个参数的含义如下。M：导弹位置；T：目标位置；r：导弹相对目标的距离；q：目标视线 MT 和参考线 MN 的夹角；v：导弹速度；η：导弹速度前置角；σ：导弹弹道角；v_T：目标速度；η_T：目标速度前置角；σ_T：目标弹道角。

自动导引方法精度较高，因此在空-空导弹和地-空导弹的控制中得到广泛应用。空-空导弹和目标的相对运动方程为

$$\dot{r} = v_{T}\cos\eta_{T} - v\cos\eta$$

$$\dot{q} = \frac{v\sin\eta - v_{T}\sin\eta_{T}}{r}$$

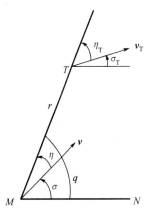

图 3-8　导弹和目标相对运动的几何关系

若已知目标的运动规律和导弹的速度是随时间变化的函数，则上式中只包含 3 个未知量 r、q、η。在给定初始条件下，对应不同 η 的变化规律，可确定一条相对弹道（以 r、q 的时间函数为准，对于目标速度坐标系的相对弹道）。因此，选择引导方法的问题，实质上是如何选择前置角 η 的变化规律的问题。

自动导引的导弹有以下 3 种自动导引方法。

（1）纯追踪法。纯追踪法是导弹在攻击目标的导引过程中，导弹的速度始终指向目标的一种导引方法，即

$$\eta \equiv 0$$

（2）平行接近法。平行接近法是导弹在攻击目标的导引过程中，目标瞄准线 $\eta \equiv 0$ 在空间保持平行移动的一种导引方法，即

$$\mathrm{d}q / \mathrm{d}t \equiv 0$$

（3）比例导引法。比例导引法是导弹在攻击目标的导引过程中，导弹速度的旋转角速度与目标线的旋转角速度成比例的一种导引方法，即

$$\mathrm{d}\eta / \mathrm{d}t = K \cdot \mathrm{d}q / \mathrm{d}t$$

3 种自动导引方法中，纯追踪法导弹的过载大；平行接近法导弹的过载小，实现困难；比例导引法导弹的过载小，装置简单。

3.3.2　导引系统组成

导弹的导引系统用来对目标进行探测、跟踪并控制导弹按照一定的导引规律飞向目标，导弹导引系统通常由导引头和舵机组成。

红外导引系统用来探测与跟踪目标红外辐射，并把它转换成电信号，用这一信号控制舵面偏转，使导弹按比例导引规律飞行。如果导弹和目标在同一平面内飞行，则导弹导引原理如图 3-9 所示，红外导引头 1 测出目标视线与光学系统轴之间的夹角 Δq，Δq 称为失调角，导引头输出电压与其成正比。这个电信号同时也与目标视线旋转角速度 $\dot{q}$ 成正比，令电信号 $u = K\dot{q}$。信号 u 经放大器 2 放大后输送至舵机 3，舵机操纵舵面偏转一角度 δ，使 δ 与 $\dot{q}$ 成正比，舵面偏转后，由于空气动力的作用，使导弹产生迎角 α，α 与 δ 成正比。对应于迎角 α 产生一定的法向升力 Y。法向升力 Y 使导弹产生法向加速度，即

$$W = v\dot{\theta}$$

其中，v 为导弹速度，$\dot{\theta}$ 为速度的旋转角速度。法向加速度 W 与法向升力 Y、迎角 α、舵偏角 δ 及目标视线旋转角速度 $\dot{q}$ 都是成正比的。因此，导弹速度 v 的旋转角速度 $\dot{\theta}$ 正比于目标视线旋转角速度 $\dot{q}$，即

$$\dot{\theta} = N\dot{q}$$

其中，N 为比例系数，此式即为比例导引的控制规律。

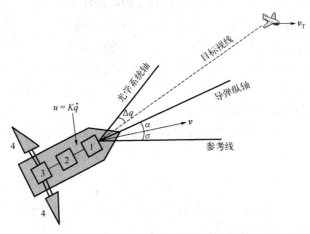

图 3-9　导弹导引原理

由上述分析可看出，为使导弹按比例导引规律飞行，要求导引头能够测量目标视线旋转角速度 $\dot{q}$，因此导引头必须跟踪目标。当目标视线与导引头光学系统光轴不重合时，形成失调角 Δq，导引头产生的电压 u 正比于 Δq，将此电压 u 输送到导引头本身的跟踪机构中，驱动光轴向减小 Δq 的方向运动，此时导引头将不断地跟踪目标，光学系统光轴的旋转角速度正比于导引头输出的电压 u。在稳定跟踪的情况下，光学系统光轴的旋转角速度等于目标视线的旋转角速度，此时导引头输出的电压 u 正比于目标视线的旋转角速度 $\dot{q}$。

3.4　红外导引头光学系统基本原理

3.4.1　红外导引头组成

1. 红外导引头的组成

红外导引头的组成包括方位探测系统和跟踪系统，其中，方位探测系统包括光学系统、调制盘、探测器以及信号处理电路。

2. 红外导引头的工作原理

红外导引头工作原理图如图 3-10 所示。

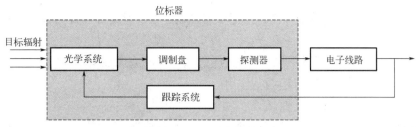

图 3-10　红外导引头工作原理图

3.4.2　红外光学系统

红外光学系统是红外导引头的一个重要组成部分。红外导引头通过光学系统来收集目标辐射的红外线。红外光学系统是根据光的基本传播规律进行成像的。

1.红外成像技术基本原理

红外成像技术基本原理图如图 3-11 所示。

2.光学系统组成

光学系统组成如图 3-12 所示。

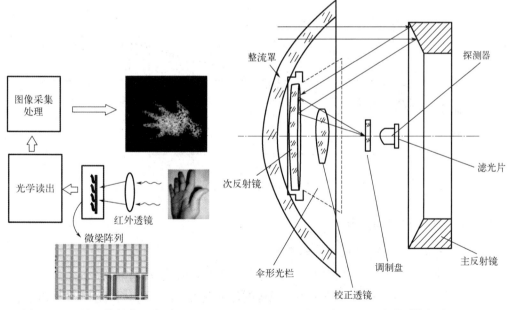

图 3-11　红外成像技术基本原理图　　　　图 3-12　光学系统组成

光学系统主要包括以下 8 个部分。

（1）整流罩：保护内部光学机械元件和改善空气动力性能。

（2）主反射镜：汇聚光线。

（3）次反射镜：折转光线。

（4）伞形光栏：限制目标以外的杂散光线进入。

（5）校正透镜：校正系统像差，并把伞形光栏、主反射镜等零件与镜筒连接在一起，起支撑作用。

（6）滤光片：限制目标以外的杂散光线进入，提高成像质量。

（7）调制盘：对像点辐射起调制作用。

（8）探测器：光电转换元件。

3．光学系统功用

1）汇聚光线以探测目标

目标辐射分散的红外辐射，经过光学系统的汇聚后，聚集在像平面上一个不大的像点内。在像平面附近放置探测器，此时探测器上获得的辐照度比没有加入光学系统时大，从而增强了导引头的探测能力。

2）利用像点的位置反映目标偏离光轴的大小和方位

光学系统等效的凸透镜如图 3-13 所示。凸透镜的焦距表示原光学系统的焦距，图中有

$$\theta = \theta_M$$
$$\rho = f \tan \Delta q$$

其中，像点的方位角 θ 和偏离量 ρ 反映目标的方位角 θ_M 和偏离量 Δq。

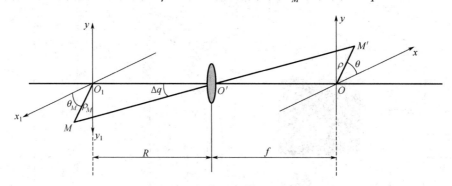

图 3-13　光学系统等效的凸透镜

4．光学系统的外形结构参数

光学系统 4 个主要的外形结构参数如下。

（1）有效接收口径。有效接收口径决定光学系统有效接收面积的大小。

（2）焦距。光学系统的焦距决定系统成像的位置及大小，焦距还影响系统视角的大小。

（3）视角。视角的大小决定光学系统所能观察到的有效空间的大小。为了消除背景杂散光线的干扰，系统的视角不能太大。

（4）相对孔径。有效接收口径与焦距的比值称为光学系统的相对孔径。

5．影响像质的因素

一个物点的成像并不是一个几何点，而是一个亮的扩散圆斑，通常称为弥散圆，如图 3-14 所示。

由于弥散圆的大小对像质有相当大的影响，因此需要了解影响弥散圆大小的因素。影响弥散圆大小的因素有两种，一是衍射，二是像差。

1）衍射对像质的影响

衍射及其强度分布如图 3-15 所示。衍射是由光的波动性引起的，即使是位于光轴上的几何点源，在通过有光栏的光学系统后成的像也不是一个几何点，而是一个明亮的中心圆斑，中心圆斑一般称为艾利（Airy）圆，如图 3-16 所示。

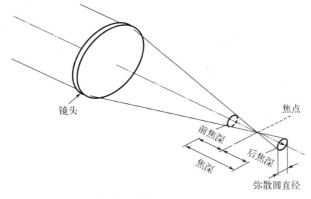

图 3-14　弥散圆

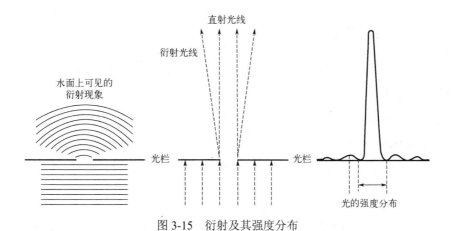

图 3-15　衍射及其强度分布

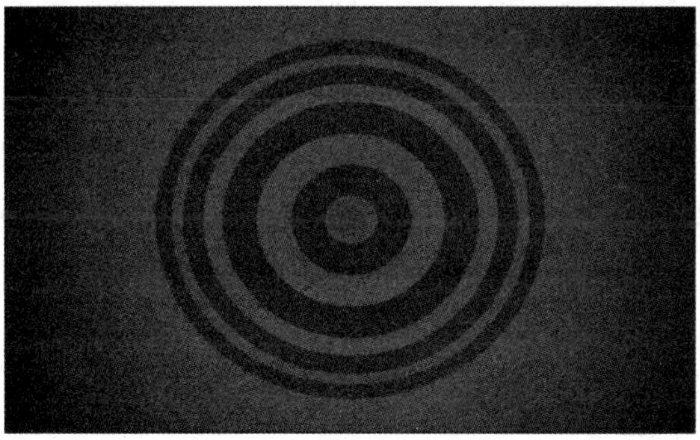

图 3-16　艾利（Airy）圆

2）像差对像质的影响

像差是影响弥散圆大小的主要因素，测量像差的原理如图 3-17 所示。像差可分为色差和单色像差两类：色差由透镜的折射系数随波长的变化引起；单色像差为光学系统对单色光产生的像差。

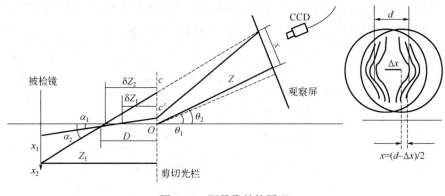

图 3-17　测量像差的原理

3.5　红外探测器

3.5.1　红外探测器的分类

对于用来探测和跟踪目标的探测器，按照其探测过程的物理机理，可以分为两类，即热探测器和光子探测器。

1. 热探测器

热探测器利用红外线的热效应工作。当红外线辐射到热探测器上后，探测器材料的温度会上升，温度的变化会引起某些物理特性发生相应改变，测量这些物理特性的改变程度来确定红外辐射的强弱，这样的探测器称为热探测器，如图 3-18 所示。

1）热探测器的特点

热探测器利用材料受到热辐射后上升的温度来测量，因而反应时间较长，时间常数一般在毫秒级以上，这类探测器的另一个特点是对全部波长的热辐射有基本相同的响应。

2）热探测器工作原理

热探测器根据入射红外辐射引起敏感元件的温度变化，使其有关物理参数发生相应变化，即通过测量有关物理参数的变化可以确定探测器所吸收红外辐射的多少。热释电型热探测器结构图如图 3-19 所示。其中，PZT 为锆钛酸铅，FET 管为场效应管。

2. 光子探测器

光子探测器也称光电探测器，通过红外线中的光子流和探测器材料中的束缚状态电子发生作用，引起电子状态的变化，产生能逸出材料表面的自由电子，以此来探测红外线。四象限光电探测器如图 3-20 所示。

光子探测器的反应时间短，因此要使物体内部的电子改变运动状态，入射光子的能量必须足够大。当入射光子的能量小于某个特定值时，不能使束缚状态的电子变成载流子，不能产生逸出材料表面的自由电子。

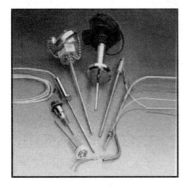

图 3-18　热探测器

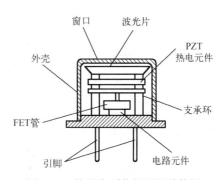

图 3-19　热释电型热探测器结构图

图 3-20　四象限光电探测器

3. 热探测器和光子探测器的优缺点

热探测器和光子探测器的优缺点如表 3-2 所示。

表 3-2　热探测器和光子探测器的优缺点

名称	优点	缺点
热探测器	不需要冷却，全波段有平坦响应	灵敏度较低，反应较慢
光子探测器	灵敏度高，反应快	只适用于一定的波段范围，需要冷却

由于导弹的红外导引系统要求灵敏度高，反应快，因此，系统一般采用光子探测器。

3.5.2　光子探测器分类及工作原理

光子探测器是依据入射光子与探测器材料中的电子相互作用所产生的光电子效应来工作的。光电子效应分为外光电效应和内光电效应：外光电效应对应的是光电探测器，内光电效应对应的有光电导探测器、光生伏特探测器和光磁电探测器。

1. 光电探测器

当光照射到某些材料的表面上时，如果入射光子的能量足够大，能使电子逸出材料的表面，这种现象称为外光电效应。利用这种效应制成的探测器称为光电探测器。

常用的光电探测器有光电二极管和光电倍增管。光电倍增管常用于激光制导系统中，作为红外激光探测器。

光电探测器，存在一个长波限，可以从光量子理论解释长波限的存在。光量子理论认为，辐射能量是以粒子形式存在的，这种粒子称为光子，其公式为

$$m = hv / c^2$$

当入射光子与探测器材料中的电子发生碰撞时，入射光子将其全部能量转换给电子。若入射光子的能量大于探测器材料的电子逸功率，电子就可逸出材料的表面。据此，爱因斯坦提出了光电发射公式，即

$$\frac{1}{2}mv^2 = hv - \varphi = \frac{hc}{\lambda} - \varphi$$

2. 光电导探测器

当光照射到某些半导体材料的表面上时，入射光子与半导体材料中的电子相互作用后形成载流子，载流子使半导体材料的电导率增加，这种现象称为光电导现象。

利用光电导现象制成的探测器称为光电导探测器。常见的光电导探测器由硫化铅、硒化铅、锑化铟等材料制成，这是红外技术中应用最广泛的一类探测器。

在纯净的半导体材料中，当价电子受到热或入射光子的激发而跳到导带后，在价带中就留下一个空穴，电子和空穴对半导体材料的导电率均有提高作用，这一过程称为本征激发，如图 3-21 所示。

为使光电导探测器能在较长的波段工作，需要增大探测器的截止波长。一般在纯净半导体材料中掺入少量的其他杂质，根据掺入杂质的不同，可以做成 P 型半导体和 N 型半导体。

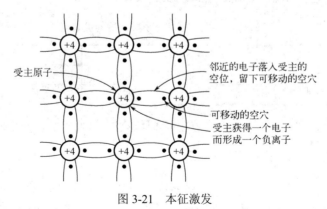

图 3-21　本征激发

3. 光生伏特探测器

当 P 型半导体和 N 型半导体的接触面形成一个阻挡层时，阻挡层内存在内电场 E。当光照射在 P-N 结附近时，入射光子激发形成光生载流子，此时由于内电场的作用，光生载流子的电子到达 N 区，而空穴到达 P 区，这时在 P-N 结两侧会出现附加电位差，这一现象称为"光生伏特"效应，如图 3-22 所示。

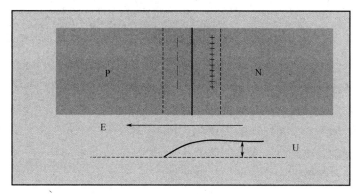

图 3-22　"光生伏特"效应

4. 光磁电探测器

光磁电探测器由本征导体材料和磁铁组成。当入射光子与探测器材料相互作用形成电子-空穴对时，这些电子和空穴在外部磁场的作用下被分开，形成光生电动势。这类探测器不需要制冷，精度可达到 7μm 且时间常数小，但由于其灵敏度较前两种低，故目前应用较少。

3.5.3　探测器的主要特性参数

导引头所用的探测器大部分为光电导探测器和光生伏特探测器，由于它们都是光子探测器，所以又都称为光敏元件。光敏元件有一系列需要根据实际应用而制定的特性参数，用这些参数可以判断一个光敏元件在实际应用中的好坏，以下是探测器的 4 个特性参数。

（1）电压灵敏度。电压灵敏度是衡量光敏元件对入射辐射转换能力的重要参数。

（2）弛豫时间。弛豫时间表征光敏元件对光照反映得快慢，是设计系统时必须考虑的重要参数。正弦光照弛豫过程和矩形脉冲光照弛豫过程分别如图 3-23、图 3-24 所示。

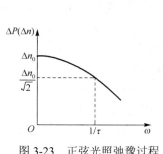

图 3-23　正弦光照弛豫过程

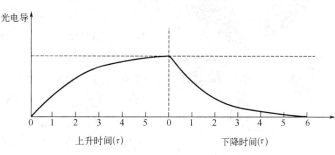

图 3-24　矩形脉冲光照弛豫过程

（3）噪声。当光照射到光敏元件上时，除了产生有用的信号，还会有噪声的存在。

（4）噪声等效功率与探测度。光敏元件噪声的存在限制了其对微弱信号的探测能力。

3.5.4 红外探测器的制冷

1. 制冷的必要性

目前性能较好的探测器均需要进行冷却，制冷可以减少热激发产生的载流子，从而降低探测器的噪声。制冷在一定程度上也可减少禁带宽度，从而加大截止波长。

2. 制冷的方法

目前对红外探测器的制冷有多种方法，按照换热方式，可大体分为以下 5 种。

（1）利用低温液体或气体对流换热制冷的制冷器。

（2）利用固体传导换热制冷的固体制冷器。

（3）利用辐射散热制冷的辐射制冷器。

（4）利用珀尔贴效应制冷的半导体制冷器。

（5）其他。

3.6 光学调制与调制盘

3.6.1 对红外辐射进行调制的意义

一般不能直接利用来自军事目标的红外辐射，原因有以下两点。

（1）军事目标一般距离红外系统较远，因此红外系统接收到的红外辐射极其微弱，必须对其加以放大处理。

（2）在一定距离上，红外系统所接收到的红外辐射是一个恒定不变的量，即使将其转换为电信号，也是一个直流不变的量，不利于对其进行放大处理。因此，需要对红外辐射进行适于信号处理的某种形式的调制。

3.6.2 调幅式调制盘的工作原理

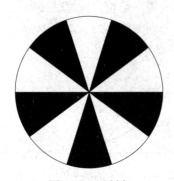

调制盘（见图 3-25）是对光能进行调制的部件。调制盘由辐射状的明暗扇格构成，置于光学系统焦平面上，其圆心同光轴重合。目标与背景（如云块）通常成像于调制盘上。

当目标像点和调制盘有相对运动时，会对目标像点的光能进行调制。调制后的波形随目标像点尺寸和调制盘栅格之间的比例关系而定。

调制盘按调制方式可以分为调幅式调制盘、调频式调制盘和脉冲编码式调制盘，前两种调制方式与电学上

图 3-25 调制盘

的调幅和调频一致，即分别利用调制信号幅度和频率的变化来反映目标的位置。脉冲编码式调制盘利用脉冲的频率和相位来反映目标的位置。

由于调幅式调制盘的信号处理系统比较简单且可靠，其性能可以满足导引系统的要求，因此在一些小型空-空导弹和地-空导弹上都采用调幅式调制盘。

怎样将目标像点的位置（ρ, θ）转化成可用的信息？

前面提到，军事目标经过光学系统成像于调制盘上，像点的位置同目标的方位是一一对应的，像点在调制盘上的位置反映目标在空间的方位，而且目标的红外辐射是连续的。

调幅式调制盘将连续的红外辐射变成断续的调制辐射脉冲信号，将目标像点的偏离量 ρ 及方位角 θ 转化为调制信号的幅值及相位。

最简单的调制盘由透辐射和不透辐射的交替扇格组成。调制盘的工作原理图如图 3-26 所示。目标像点与调制盘中心的距离为偏离量 ρ，方位角 θ 为像点和调制盘中心的连线与水平线的夹角，像点总面积为 s，当调制盘以一定的转速开始转动后，透过调制盘的辐射显示为右边所示的调制信号。

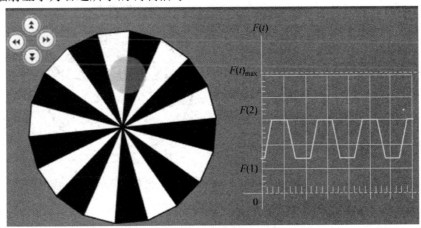

图 3-26　调制盘的工作原理图

首先分析调制信号与偏离量 ρ 的关系。为了分析问题方便，假定以下 3 点：像点为圆形；像点上的照度（单位面积上的辐射）均匀分布；像点总面积为 s，其中一部分辐射可以透过调制盘，其面积为 s_1，一部分辐射不能透过调制盘，其面积为 s_2。

因此，像点上透过调制盘的能量 F_1 正比于 s_1，不能透过调制盘的能量 F_2 正比于 s_2。当调制盘旋转时，透过调制盘的能量在 F_1 和 F_2 之间周期性变化。

显然，此时有用的调制信号为 $|F_1 - F_2|$，它与 $|s_1 - s_2|$ 成正比。在分析问题时，为方便起见，常常引入调制深度 M 的概念，即

$$M = \frac{|F_1 - F_2|}{F_0} = \frac{|s_1 - s_2|}{s}$$

其中，F_0 为像点的总能量，其正比于像点总面积 s。由此式可见，调制深度 M 越大，有用信号的幅值就越大。

假定 s 不变，随着 ρ 的增大，调制深度 M 逐渐增大，即有用调制信号的幅值逐渐增大；反之，当 ρ 减小时，有用调制信号的幅值逐渐趋于零。因此，可以在 s 不变的情况下，通过有用调制信号幅值的变化来判断 ρ 的大小。若 s 发生改变，则调制深度 M 将随着 ρ 和 s 的变化而变化。

接着分析调制信号与方位角 θ 的关系。对于图 3-26 所示的调制盘，拥有连续梯形波的调制信号与方位角 θ 并无关系，这种简单的调制盘只能反映调制信号与偏离量的关系，不能反映其与方位角的关系，这是因为该调制盘没有确定的起始坐标线。

改进的调制盘如图 3-27 所示，一半的盘内有明暗相间的扇格，另一半的盘内不透明。

更复杂调制盘的工作原理图如图 3-28 所示。设其像点总面积极小，趋近于一个几何点，此时调制脉冲为方波状，调制盘旋转一周形成一个周期，在前半个周期内有调制脉冲，后半个周期内无输出，调制信号（调幅波）两个半周期之间的分割线为起始坐标线，调制信号包络的初相角为方位角。

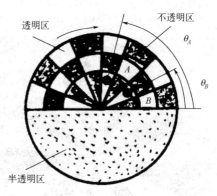

图 3-27　改进的调制盘　　　　　图 3-28　更复杂调制盘的工作原理图

3.6.3　调制盘的基本功能

响尾蛇导弹调制盘如图 3-29 所示。在其工作过程中，调制盘主要有以下 3 种功能。

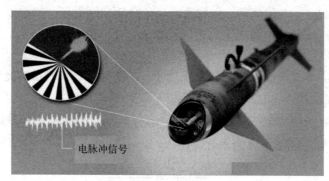

电脉冲信号

图 3-29　响尾蛇导弹调制盘

1. 将恒稳的光能转变为交变的光能

目标辐射的红外线被光学系统接收并汇聚在置于焦平面的红外探测器上，使光能转变为电信号。由于目标辐射的能量是恒定的，因此红外探测器产生的信号为直流信号，这在信号的处理上比交流信号更复杂，为此在光学系统的焦平面上放置调制盘来对光能进行调制，使得光能以一定的频率落在红外探测器上，从而产生交流信号。

2. 产生目标所在空间位置的信号编码

在红外导引系统中，常用的调制盘是调幅式调制盘（见图 3-28），这种调制盘一半为透红外光与不透红外光明暗花纹图案的调制区，一半为半透明区。调制盘安装在光学系统的焦平面上并绕光轴旋转。假设目标偏离光轴分别成像在调制盘的 A 点与 B 点。当目标成像在 A 点时，红外探测器输出的调制信号波形如图 3-30（a）所示，调制信号的方位角为 θ_A。当目标成像在 B 点时，红外探测器输出的调制信号波形如图 3-30（b）所示，调制信号的方位角为 θ_B。综上所述，当目标成像在调制盘上的不同点时，调制信号的方位角也不同。因此只要能测出调制信号的方位角，即可确定目标成像的位置。

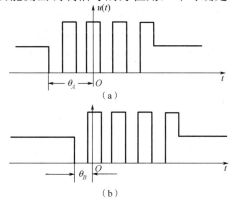

图 3-30　目标成像在不同点时，红外探测器输出的调制信号波形

3. 空间滤波——抑制背景的干扰

大多数目标与背景相比，都是一个张角很小的物体。空间滤波（见图 3-31）用来增强小张角的目标信号，抑制大张角的背景干扰。

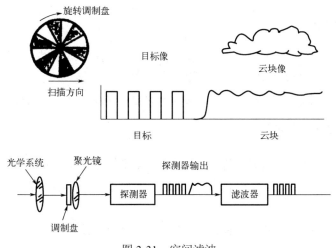

图 3-31　空间滤波

调制盘由辐射状的明暗扇格构成并置于光学系统焦平面上，其圆心同光轴重合。目标与背景（如云块）通常成像于调制盘上。由于目标成像尺寸小，在调制盘旋转时辐射能量被明暗扇格调制，探测器输出电信号。云块像覆盖调制盘的多个明暗扇格，通过调制盘的能量约为 50%。因此，云块像不产生调制信号，探测器输出的直流信号被电子线路过滤掉，其他的背景干扰也是如此。所以，当目标与背景干扰同时进入系统并被调制盘调制后，经电子线路滤波抑制了背景干扰，保留了目标信息。

3.7 红外制导技术的未来

3.7.1 红外制导技术当前的研究重点

精确制导技术的发展趋势是不断提高其灵敏度、精度和环境适应性，不断增强系统在复杂背景下截获、跟踪目标的能力和对付多目标的能力。为了达到这一目的，红外制导技术必须在探测器、结构设计、抗干扰能力、信息处理能力等方面推陈出新，以适应未来战争的需要。

1. 新型高性能红外探测器技术

红外探测器是红外制导系统的核心部件。目前，弹上应用的红外焦平面阵列规模已达到 128 元×128 元、256 元×256 元，此时，一般不会以增加探测元数目的方式来改善制导系统的灵敏度、分辨率等指标，而是加大在智能探测器、光学系统等方面的研究力度，以提高制导系统的综合性能。新型高性能红外探测器技术主要需要解决以下 4 个问题。

（1）灵巧型焦平面阵列。

（2）二元光学技术和微光学技术。

（3）微扫描技术。

（4）光电混合信息处理技术。

2. 非制冷红外制导系统

传统的红外探测器必须在低温下工作，因此需要配备相应的制冷器，这就带来设备体积大、工作过程复杂等突出问题。为提高制导系统的环境适应性，发展小型化高性能的红外制导武器，非制冷红外成像技术成为未来红外制导技术的主流。

3. 低成本红外成像制导系统

虽然红外成像制导系统的性能优于红外非成像制导系统，但因其结构复杂、成本较高，在反坦克导弹、直升机机载空-空导弹等低成本、小弹径武器上的应用还存在很大困难。

因此必须大力发展小型化、低成本的红外成像制导技术，在满足这类导弹性能和可靠性的前提下，在系统结构、焦平面阵列规模方面进行适当简化以提高其经济性、可用性。

4．红外制导系统抗干扰技术

为了应对敌方的精确攻击，现代的作战飞机、武装直升机、作战舰艇、坦克和装甲车等作战平台，广泛应用了红外隐身或红外干扰技术。这些技术的应用，旨在降低敌方红外制导武器的探测概率和探测精度，从而提升平台的生存能力。为了提高红外制导武器的作战威力，必须提高其抗红外干扰的能力。

红外干扰本质上可分为背景干扰与人为干扰两种。借助目标与背景的辐射光谱特性和空间特性的差异，采用光谱滤波和空间鉴别的办法，可以滤去绝大部分背景干扰，对于人为干扰可采取以下 6 个措施。

（1）采用双色调制滤波，鉴别真假目标。

（2）采用多谱探测器阵列，对抗单波段诱惑。

（3）采用红外长波段探测，对付热抑制技术。

（4）采用调幅 P 调频体制，提高抗干扰能力。

（5）采用滤光透镜与自适应光栏，保护红外探测器免受烧毁。

（6）采用成像制导和复合制导，提高探测能力。

5．结构优化设计技术

复合制导的发展给导引头的结构设计技术带来了前所未有的挑战，如何在日益紧张的空间内合理安排复合制导系统中各种光学、微波、机械、电气部件的位置，满足各类传感器所需要的扫描视场，满足头罩的透过率、微波的传输率，保证电磁兼容性、热设计等要求，配合整弹的气动外形设计，结构优化设计技术显得尤为重要。

6．多传感器信息融合技术

复合制导的核心技术是多传感器信息的融合，它可以充分利用各传感器获得的目标信息，从而提高系统在复杂背景下对目标进行检测、定位、识别和跟踪的能力。信息融合指从多源信息中提取合成的、准确的目标信息。

多传感器信息融合技术的发展依赖硬件和软件两个方面的进步：硬件上为满足对多传感器产生的海量数据的实时处理，必须采用高速专业的微处理器和并行处理技术；软件上的当务之急是发展更有效的特征级、决策级算法。

7．自动目标识别技术

精确制导技术发展的终极目标是智能化制导，如何结合模式识别技术、人工智能技术来开发智能探测器技术、智能信息处理技术，实现红外制导系统的自动目标捕获与识别和在复杂情况下的自动决策能力，是智能化制导必须解决的关键问题。

3.7.2 几种典型的复合制导系统

随着光电干扰技术、隐身技术的迅猛发展，未来战场的环境将变得十分恶劣，单一体制的制导武器越来越难满足作战需求，各种复合制导技术受到世界各国的重视。复合制导可以充分发挥不同体制、不同频段的优势，弥补各自的局限性，大大提高武器的作战效能和生存能力。目前，复合制导技术的一个重要发展方向是基于红外的双色、双模以及三模制导技术，包括红外/可见光、红外/紫外、红外/主动雷达、红外/被动雷达和红外/毫米波等多种不同的复合体制。

1．光学双色制导系统

战斗机和巡航导弹是红外制导武器的主要攻击目标，为提高其生存能力，现代战斗机开始采用红外隐身涂层、尾气化学降温、喷管上弯等技术来降低红外制导武器的探测概率，于是各种光学双色制导系统应运而生。光学双色制导系统可以提高制导系统的探测灵敏度和制导作用距离，改善武器对抗红外诱饵干扰能力和反隐身能力，代表型号有美国的毒刺（Stinger Post）和法国的西北风（Mistral）地-空导弹。

光学双色制导系统主要指红外双色、红外/紫外双色和红外/可见光双色复合制导。

2．微波/红外复合制导系统

红外制导系统具有较高的精度和抗干扰能力，但作用距离较短，在不良的气象条件下探测器的信噪比大幅降低，容易导致目标的丢失，而微波雷达制导系统作用距离远、具有全天候作战能力，但其角度分辨率较低，易受电磁干扰的影响，此时，将微波雷达和红外系统进行复合将极大提高武器系统的目标截获跟踪能力和抗干扰能力。

微波/红外复合制导系统有主动雷达/红外和被动雷达/红外两种，微波相位干涉仪与红外制导系统按共孔径的方式工作，探测目标的雷达辐射和红外热辐射，测量目标速率以及截获和跟踪目标。一般将微波被动雷达用于中段制导，红外寻的器用于末段精确制导，也可全程由微波被动雷达制导或全程由红外制导。代表型号有德国和法国共同研制的 ARAMIS 增程反辐射导弹和德国的 ARAMIGER 导弹。

3．毫米波/红外复合制导系统

毫米波雷达可以全天候工作，对烟、雾的穿透能力较好，同时因其波束较窄而具有更高的角度分辨率和跟踪精度，天线口径尺寸小、器件体积小。毫米波相对红外有较宽的波束，更适用于较大范围的搜索与截获目标，红外寻的器适用于在小范围内跟踪和精确定位。此外，毫米波雷达还能提供距离信息和灵敏的多普勒信息，可以提取幅度、频谱、相位和极化等多种信息，弥补红外寻的器的不足，提高制导系统的综合性能。

因此，毫米波/红外复合制导系统比其他多模制导方式具有更好的抗干扰性和反目标隐身性能，是目前公认的最有前途的复合制导技术之一，代表型号有美国的 SADARM 反装甲灵巧弹药、法国的 TACED 反坦克炮弹等。

4．多模复合制导系统

随着双模复合制导技术日趋成熟，未来还将出现三模甚至多模复合制导技术，如日本已着手研制的微波/毫米波/红外三模寻的制导地-空导弹，这充分发挥了微波/毫米波/

红外 3 种传感器在探测距离、角度分辨率、抗干扰能力方面的优势，提高了武器系统的可靠性和命中精度，扩大了使用范围。又如，美国正在进行研制的主/被动微波/红外成像三模复合制导高速反辐射导弹，在保证导弹制导精度和抗干扰能力的前提下，可以对抗目标雷达攻击，从而大大提高了导弹的命中率。

多模复合制导技术综合了多种模式制导体制的优点，比单模制导和双模制导体制具有更强的环境适应性，但在结构孔径设计、头罩技术、电磁兼容、信号处理与数据融合、工程小型化设计等方面还将面临更加严峻的挑战。

第4章 空–空导弹雷达导引系统原理

4.1 空-空导弹雷达导引系统概述

4.1.1 雷达导引头的分类

雷达导引头（见图 4-1）是一种安装在导弹上的探测装置，是无线电寻的制导系统的关键设备。在寻的制导阶段，雷达导引头发现并跟踪目标，提供目标相对导弹的位置和运动信息，弹上计算机利用目标信息形成的指令来控制自动驾驶仪，改变导弹的飞行姿态。

图 4-1 雷达导引头

根据目标辐射或反射能量的电磁频谱波长，雷达导引头可以分为微波雷达导引头和毫米波雷达导引头。

根据所用信号的来源，雷达导引头可以分为主动式（辐射源在导弹上）雷达导引头、半主动式（辐射源在载机上）雷达导引头和被动式（辐射源在目标上）雷达导引头。

主动式雷达导引头简化框图如图 4-2 所示。主动式雷达导引头一方面发射无线电波，另一方面接收目标反射的无线电波，从而完成对目标的跟踪和对目标运动参数的测量，

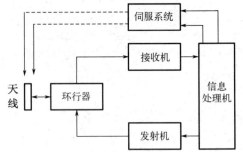

图 4-2 主动式雷达导引头简化框图

形成导引信号。主动式雷达导引头为一种弹载雷达装置，具备"发射后不管"的特性，允许载机在发射导弹后进行机动或脱离，从而显著提升了载机的生存能力。然而，这种导引头系统相对复杂，技术实现难度较大。

半主动式雷达导引头简化框图如图 4-3 所示，与主动式雷达导引头相比，少了发射

机这一部分。半主动式雷达导引头工作时，雷达发射机照射器设置在载机上，导引头接收来自目标的反射信号和来自照射器的直波信号，检测目标导弹的视线角、视线角速度和相对速度，并形成导引信号。这种导引头较简单，且由于机用照射雷达的照射功率较大，故寻的距离较远，但导引头的工作依赖于载机照射，独立性差。

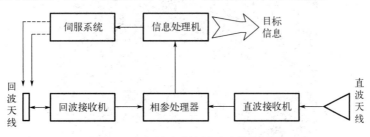

图 4-3　半主动式雷达导引头简化框图

被动式雷达导引头简化框图如图 4-4 所示。相比前两种雷达导引头，系统已得到大幅度简化。被动式雷达导引头接收目标辐射的无线电波，载机和导引头不需要辐射任何能量，因而这种导引头的隐蔽性能好，不容易被目标发现，且设备简单，但探测距离有限。

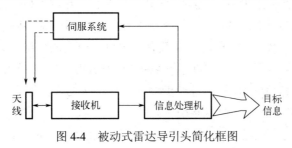

图 4-4　被动式雷达导引头简化框图

4.1.2　雷达导引头的发展简况

1944 年的美国"云雀"导弹研制计划是雷达型空-空导弹研制的起点。该导弹采用主动式连续波雷达导引头，于 1950 年年底首次拦截无人驾驶飞机，但由于存在射频能量泄漏等关键问题，导引头的探测距离很近，因此未能实际应用。

在 1951 年 6 月，美国开始研制麻雀族空-空导弹（见图 4-5）麻雀 I 型导弹为波束制导；麻雀 II 型导弹采用主动式非相参脉冲雷达导引头；麻雀 III 型导弹采用半主动式连续波雷达导引头，且在 20 世纪 50 年代末，采用了脉冲多普勒技术。

美国麻雀族导弹是 20 世纪 60 年代至 20 世纪 70 年代雷达型空-空导弹发展的典型代表，其中，麻雀 III 型导弹得到了充分发展。

随着技术的不断进步，雷达的工作体制经历了从连续波到双调频连续波，从单纯连续波到连续波与脉冲多普勒（相参脉冲）兼容，再到脉冲多普勒的演变。测角方式也从圆锥扫描升级到了单脉冲，天线则从抛物面式发展到了平板缝阵式。在接收方式上，正常式接收逐渐被倒置接收所取代。为了提高抗干扰能力，增设了抗干扰通道，并采取了一系列抗干扰措施。同时，电子元器件也经历了从电子管到晶体管，再到集成电路的转变，使得整个系统向着固态化、微小型化的方向发展。这一系列的技术进步和创新，不仅提高了系统的性能和稳定性，还大大增强了其在复杂环境中的适应性。

图 4-5　麻雀族空-空导弹

以麻雀族空-空导弹技术为基础，英国、法国及意大利等国也发展了相应的雷达型空-空导弹，如英国的"天空闪光"、法国的"玛特拉超 R530F"、意大利的"阿斯派德"等。

麻雀族空-空导弹自问世以来已经发展到了第 3 代。麻雀 I 型导弹为第一代，它仅能尾追攻击小机动的轰炸机等目标，采用了波束制导导引头；麻雀 III 型 BAIM-7E 和 AIM-7E-2 导弹为第二代，它能尾追和拦截有一定机动能力的目标，采用了圆锥扫描式连续波半主动雷达制导导引头；麻雀 III 型 BAIM-7F 和 AJM-7M 导弹为第 3 代，可全高度、全方位攻击机动能力较强的目标，进一步增强了近距离的攻击能力，采用了单脉冲式连续波或脉冲多普勒半主动雷达制导导引头。

由于第 3 代雷达型空-空导弹采用半主动雷达制导方式，在作战使用方面存在载机不能立即退出战区，导弹探测距离有限，很难实现多目标攻击等缺陷，因此美国、英国、苏联（俄罗斯）等国都开始发展第 4 代雷达型空-空导弹。第 4 代雷达型空-空导弹如表 4-1 所示，除了保留第 3 代的优点，还具有以下特点：超视距发射和"发射后不管"的特性；高导引精度和高杀伤概率；强抗电子干扰能力；能攻击大机动目标、低空目标和隐身目标；具有多目标和群目标攻击能力。为此，第 4 代雷达型空-空导弹大多采用主动雷达末制导导引头。

表 4-1　第 4 代雷达型空-空导弹

型号参数	AIM-120（美国）	"天空闪光"（英国）	MICA（法国）	ASPIDE-MK.2（意大利）	R-77（俄罗斯）	AHAAM-4（日本）
弹径/mm	178	203	160	203	200	203
翼展/mm	627	1020	610	644	350	203
弹长/mm	3650	3650	3100	3650	3600	3680
弹重/kg	157	195	110	220	175	228
工作波段	J	J	J	J	J	J
最大发射距离/km	>70	40	～50	>40	100	100
研制时间/年	1976	1984	1982	1986	1982	1987

4.1.3　雷达导引头的主要技术性能

雷达导引头的主要技术性能包括工作射频、探测距离、工作时间、准备时间、测角性能（天线角度搜索范围及周期、测角斜率、测角线性区、通道耦合、天线角度预定范围及速度、测角精度、跟踪角速度范围、对弹体扰动的抗干扰能力等）、动态范围、测速及测距性能（测量范围、预定性能、测量精度及搜索性能等）、抗干扰能力、目标识别性能、工作环境条件（温度、压力、湿度、振动、冲击等）、可靠性、质量、尺寸、重心及结构、电磁兼容性等。以下为雷达导引头 6 个重要的技术性能。

（1）探测距离。探测距离决定载机的脱离目标距离、导弹的发射距离和攻击区，影响着中制导和末制导交接成功的概率，以及末制导的精度。探测距离取决于目标雷达的反射面积、发射机与接收机的工作比、工作波段、接收系统的噪声带宽、发射机功率、接收机噪声系数、收/发系统损耗、大气传输衰减以及接收系统的截获识别系数等参数。要增大探测距离，必须设法增大发射机功率，提高天线增益，减小接收机噪声系数和截获识别系数，减少收/发系统损耗。由于受到导弹的弹径、体积、质量等方面的限制，提高探测距离是一项十分艰巨的任务。

（2）测量精度。雷达导引头的测量精度为视线角速度和相对速度的测量精度。影响测量精度的因素有很多，主要为天线罩瞄准误差斜率和目标角闪烁噪声。

（3）低空或下视性能。主动式雷达导引头在低空或下视情况下使用时，天线主瓣及旁瓣均能接触到地面，这时地面上的固定目标将产生十分严重的杂波背景，形成主瓣杂波和旁瓣杂波。主瓣杂波强度与发射机功率、天线主波束增益、地面反射特性及导弹高度有关；旁瓣杂波强度与导弹高度、地面反射特性、导弹速度及天线旁瓣增益有关。利用运动目标与固定目标反射信号的多普勒频率的不同，可将两者区分开来。导引头从目标前半球探测时，目标回波信号谱线落入无杂波区，探测距离不受杂波影响；导引头从目标正侧方探测时，目标回波信号谱线落入主瓣杂波区，出现探测"盲区"；导引头从目标后半球探测时，目标回波信号谱线落入旁瓣杂波区，导引头的探测性能受旁瓣杂波限制，因此必须设法减少进入导引头的旁瓣杂波功率并提高导引头对旁瓣杂波的抑制性能。

（4）抗干扰能力。"海湾战争"表明，现代化战争已发展成为陆、海、空、天、电"五位一体"的综合性战争，电（电子战）是赢得战争胜利的重要因素。国外发展的"侦察-干扰-摧毁"一体化对抗系统可使战术导弹的单发杀伤概率由 0.9 下降到 0.05 以下。因此，抗干扰能力是战术导弹的关键能力之一。在日趋复杂的电子战环境下，若抗干扰能力不强，雷达型导弹的作用将明显下降，甚至完全失去其作用。为了提升雷达导引头的抗干扰能力，需要在其总体设计和各个分系统中实施一系列抗干扰措施。信号处理器的优化与完善在很大程度上决定了雷达导引头的抗干扰能力。为实现这一目标，通常可采用自适应或基于人工智能的抗干扰信号处理技术。

（5）多/群目标攻击能力。多目标攻击指连续发射的多枚导弹攻击各自被指定的目标。在导弹发射前，机载火控雷达系统从角度、速度或距离上分辨出要攻击的多个目标，完成多目标探测与跟踪、目标威胁判断和攻击优先权计算、目标-导弹配对自动战术决策、多枚导弹允许发射区计算、多枚导弹数据链发射、雷达照射兼容性检查和雷达扫描中心计算、多枚导弹发射前数据准备及发射控制等；群目标攻击指载机通过自身的探测装置或其他信息渠道得知欲攻击的为密集编队的群目标，但无法测得各目标的参数，此时载机连续发射多枚导弹实施攻击，这要求末制导导引头对目标有较高的分辨率使导弹分别攻击不同的目标。为此，必须适当设计导引头的天线、接收机和信号处理器，提高导引头的角度和速度鉴别力，还可采用角度门、天线方向图偏转及信号处理器算法，完成多枚导弹对群目标的攻击。

（6）反隐身性能。世界各国都在开展对隐身技术的研究，"海湾战争"中典型的隐身飞机 F-117A 的突防能力和战术威力已为世人瞩目。经过一系列的措施，包括独特的飞机外形设计、运用复合材料进行表面阻抗加载，以及创新性地应用射频吸波涂层等，人们成功地将飞机的雷达反射截面积减少了 1～2 个数量级，显著提升了飞机的隐身性能。隐身目标对导引头的探测距离构成了重大挑战，显著缩小了导引头的探测范围。然而，隐身技术并非万能，其效果主要局限于特定的波段范围内，这是因为涂层、材料和飞机外形等隐身要素在设计上存在局限性，使得它们不可能在所有波段都展现出理想的隐身效果。因此，在选择导引头的工作波段时，必须充分考虑反隐身要求，确保导引头能在隐身目标可能出现的波段内保持足够的探测能力，从而有效应对隐身目标的威胁。

4.2　空-空半主动雷达制导

半主动雷达制导导弹和主动雷达制导导弹相比，其导引头只有雷达接收机、接收天线及控制机构，而发射机和发射天线位于载机上。半主动雷达制导的优点是抗干扰能力强、信号识别能力好、探测距离远、技术相对简单，但不具备"发射后不管"的特性。

4.2.1　半主动雷达制导的特点

1. 收、发天线分离

常规机载火控雷达的收、发共用一套系统。由于作为发射系统的连续波照射器安装在载机上，因此其无法和导弹上的接收机共用一套天线系统。

导弹的天线专门负责接收信号，而连续波照射器则利用机载火控雷达的天线进行操作。这种设计主要基于两个因素：其一，机载火控雷达负责跟踪目标，确保在雷达天线准确对准目标后，连续波能够稳定照射在目标上，从而实现精确制导；其二，考虑到飞机空间和经费的限制，为连续波照射器单独设计一套天线系统并不实际，因此共用天线系统成为一个经济且高效的选择。

连续波照射器的射频输出如图 4-6 所示，其发射的连续波信号被分为两路进行输出：一路信号进入机载火控雷达的微波系统，通过雷达天线向空中目标进行辐射照射；另一路信号则被送往尾后喇叭，用以照射导弹接收机的尾部天线，满足发射前的调谐需求。尾后喇叭通常被安装在飞机的机翼下方，以确保信号的准确传输和接收。

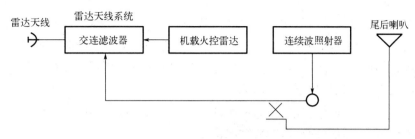

图 4-6　连续波照射器的射频输出

2. 独特的频率跟踪系统

由于发射机的发射频率具有不稳定性，为了确保接收机能正常工作，必须使接收机的本振频率持续跟踪发射机频率的变化，从而避免信号的失真或丢失。

雷达系统的频率跟踪如图 4-7 所示。对于机载火控雷达而言，由于其发射机和接收机都安装于载机上，从发射机的高频能量中分出少部分能量用于波导或同轴线传输到接收机的频率跟踪系统，从而使接收机本振频率能跟踪上发射机频率，因此其频率跟踪较易实现。

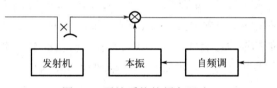

图 4-7　雷达系统的频率跟踪

对于半主动雷达制导系统而言，由于连续波照射器和接收机安装在不同的载体上，导弹接收机的频率跟踪系统无法采用与雷达完全相同的方式。半主动雷达制导系统频率跟踪原理如图 4-8 所示。

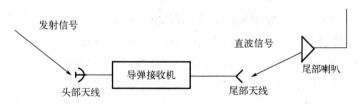

图 4-8　半主动雷达制导系统频率跟踪原理

导弹在发射升空后，导弹上的接收机与连续波照射器之间的通信交联完全依赖于空间电磁波的辐射传输。为了满足这一需求，导弹接收机特别配备了两个天线：一个安装在导弹的头部，另一个则位于导弹的尾部。头部天线的主要功能是接收从目标反射回来的回波信号，这对于导弹的制导和定位至关重要；而尾部天线则专门用于接收连续波照射器直接发出的直波信号，这种信号未经过任何目标反射，为导弹提供了另一种重要的信息来源。通过这种双天线设计，导弹能够在复杂的电磁环境中实现稳定、可靠的通信交联，确保任务的顺利完成。

导弹接收直波信号是为了实现对连续波信号的频率跟踪。尽管导弹接收机与雷达在频率跟踪的原理上相似，但导弹的工作过程却有其独特之处。在导弹准备发射之前，接收机就已经开始通电工作。导弹飞行中信号的接收如图 4-9 所示。在这个阶段，尾部天线接收到的是来自飞机机翼下方尾后喇叭辐射的连续波信号，此时频率跟踪系统处于跟踪状态。然而，一旦导弹被发射出去，尾部天线将不再接收尾后喇叭的信号，转而接收来自机载火控雷达天线副瓣波束的连续波信号。

图 4-9　导弹飞行中信号的接收

3. 较完备的抗干扰技术

在半主动雷达制导系统中，采用的抗干扰技术有倒置接收机技术等。常规接收机由宽带中放、带宽略窄的视放以及窄带的速度门组成，可以形象地将其理解为一只由宽变窄的漏斗。与之相反，倒置接收机在中频阶段便采用了窄带高选择性的晶体滤波器。这种设计的主要目的是在信号处理的初期阶段就将杂波干扰排除在接收机的窄带通带之外，从而确保大部分干扰信号无法进入接收机系统。一般而言，常规接收机的前端带宽通常在几十兆赫的范围内，而倒置接收机的带宽则高达一千兆赫左右，这一数值远低于接收机的带宽，因此倒置接收机能够有效地抑制杂波信号。以"阿斯派德"导弹为例，它采用了倒置接收机技术来增强抗干扰能力，而麻雀导弹则采用了传统的接收机设计，因此不涉及倒置接收机技术的问题。

4.2.2　连续波半主动雷达制导导引头组成

连续波半主动雷达制导导引头的简化原理如图 4-10 所示。接收机负责处理接收到的连续波信号，并将处理结果分为两路进行传输：一路结果被送往天线控制系统，该系统根据接收到的信号信息调整天线指向，使其始终对准目标方向，从而实现对目标的稳定跟踪；另一路结果则传递给自动驾驶仪，根据这些信号实时调整导弹的航姿和航向，以确保导弹能够准确地朝着目标飞行。

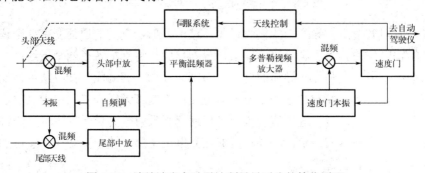

图 4-10　连续波半主动雷达制导导引头的简化原理

4.2.3　目标速度信息提取

目标速度信息如图 4-11 所示。

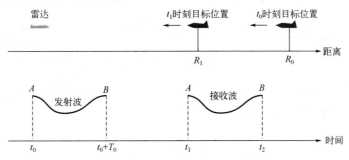

图 4-11　目标速度信息

目标相对雷达以恒定速度 v 运动，设雷达的发射频率为 f，周期为 T_0，选择发射波相邻周期峰值为 A、B 的两点，对应时刻分别为 t_0、t_0+T_0，目标距离分别在 R_0 和 R_1 上，电磁波 A 从雷达传输至目标的时间为

$$\Delta t = \frac{R_0 - v\Delta t}{c}$$

其中，c 为光速，电磁波 A 经过目标发射后返回雷达的时间仍为 Δt，总往返时间为 $2\Delta t$，所以电磁波 A 返回雷达的时刻为

$$t_1 = t_0 + \frac{2R_0}{c+v}$$

同理，电磁波 B 返回雷达的时刻为

$$t_2 = t_0 + T_0 + \frac{2R_1}{c+v}$$

接收波的周期为

$$T' = t_2 - t_1 = T_0 - \frac{2(R_0 - R_1)}{c+v}$$

因为 $vT_0 = R_0 - R_1$，所以

$$T' = T_0\left(\frac{c-v}{c+v}\right) = T_0\left(\frac{1-\dfrac{v}{c}}{1+\dfrac{v}{c}}\right)$$

换用频率表示，得到

$$f' = f\left(\frac{1+\dfrac{v}{c}}{1-\dfrac{v}{c}}\right)$$

由于在大多数情况下，总能满足 $v/c \ll 1$，因此

$$f' = f\left(1+\frac{v}{c}\right)\left(1+\frac{v}{c}+\frac{v^2}{c^2}+\cdots\right) = f\left(1+\frac{2v}{c}+\frac{2v^2}{c^2}+\cdots\right)$$

因为 $c = \lambda f$，所以上述式子可以相当准确地近似为

$$f' = f\left(1+\frac{2v}{c}\right) = f+\frac{2v}{\lambda}$$

由于目标的相对运动，其多普勒频率为

$$f_{\mathrm{d}} = \frac{2v}{\lambda}$$

照射器-导弹-目标相对运动关系如图 4-12 所示。导弹尾部天线接收的直波信号频率相对于发射频率 f_0 的多普勒频率为

$$f_{\mathrm{dR}} = -\frac{f_0}{c}v_{\mathrm{M}}\cos\varphi_{\mathrm{M}}$$

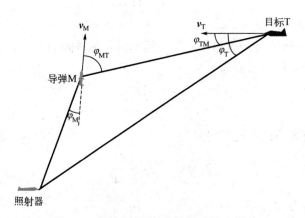

图 4-12　照射器-导弹-目标相对运动关系

导弹头部天线接收到的目标散射回波信号频率相对于发射频率 f_0 的多普勒频率为

$$f_{\mathrm{dF}} = \frac{f_0}{c}(v_{\mathrm{T}}\cos\varphi_{\mathrm{T}} + v_{\mathrm{T}}\cos\varphi_{\mathrm{TM}} + v_{\mathrm{M}}\cos\varphi_{\mathrm{MT}})$$

导弹导引头检测到的多普勒频率为

$$f_{\mathrm{d}} = f_{\mathrm{dF}} - f_{\mathrm{dR}} = \frac{f_0}{c}(v_{\mathrm{T}}\cos\varphi_{\mathrm{T}} + v_{\mathrm{T}}\cos\varphi_{\mathrm{TM}} + v_{\mathrm{M}}\cos\varphi_{\mathrm{M}} + v_{\mathrm{M}}\cos\varphi_{\mathrm{MT}})$$

导弹和目标的接近速度为

$$v_{\mathrm{c}} = v_{\mathrm{T}}\cos\varphi_{\mathrm{TM}} + v_{\mathrm{M}}\cos\varphi_{\mathrm{MT}}$$

导弹迎头攻击目标时，φ_{M}、φ_{MT}、φ_{TM}、φ_{T} 近似为零，且

$$v_c = v_T + v_M$$

所以

$$f_d = f_{dF} - f_{dR} = \frac{f_0}{c}(v_T \cos\varphi_T + v_T \cos\varphi_{TM} + v_M \cos\varphi_M + v_M \cos\varphi_{MT})$$

即

$$f_d = f_{dF} - f_{dR} = \frac{2f_0}{c}(v_T + v_M) = \frac{2v_c}{\lambda}$$

4.3　雷达导引头技术的发展趋势

雷达导引头技术的发展趋势主要有以下 6 个方面。

1. 基本体制方面

雷达导引头技术正在由半主动式向主动式过渡，这一转变赋予了导引头更大的自主性，简化了火控系统，并具备了"发射后不管"和多目标攻击的能力。然而，主动式雷达导引头面临探测距离较短的问题。为解决这一矛盾，目前广泛采用复合制导方式，即在导弹飞行前段采用捷联惯导，而在末段则转变为寻的制导。这种复合制导方式不仅保留了主动式寻的制导的优点，还满足了导弹作战空域的需求。同时，半主动式寻的制导的双基地特性对于反隐身目标具有显著优势，与主动式寻的制导结合将进一步拓展其作战空域。

2. 使用的波段方面

雷达导引头所使用的频段正持续向更高频段发展，目前已扩展至毫米波段。这一进步带来了显著的优势，包括高分辨率和更大的可用带宽，为获取更丰富的目标信息、提高制导精度提供了极为有利的条件。此外，毫米波设备的体积较小，这为其与红外设备的结合提供了便利，从而形成了双模导引头。这种双模导引头不仅保证了出色的制导精度，还显著增强了导弹的抗干扰能力，因此在当前精确制导导引头研制领域中成为备受瞩目的热门课题。

红外导引头的精度高，但探测距离较短。与此相反，微波导引头在探测距离上表现出色，但在精度上却稍逊一筹。为了充分发挥两者的优势，可采用多模复合制导方式，将红外导引头与微波导引头相结合，从而实现远距离和高精度的双重目标。例如，在实际应用中，可以首先利用微波导引头进行中段制导，以确保导弹在远距离上仍能准确追踪目标。而在接近目标时，则切换到红外导引头进行末段制导，以进一步提高制导精度。这种复合制导方式不仅优化了导弹的性能，还极大地提高了作战的成功率。

3. 波形设计方面

波形设计在目标信息的提取与识别中扮演着至关重要的角色。目前，微波领域广泛应用的波形包括连续波调频和相干脉冲串等，而毫米波波段则主要采用线性调频波形等。为了最大限度地抑制杂波和干扰，实现信号的最佳检测，当前的波形设计正深入研究并应用信号模糊图与杂波及干扰环境的匹配技术。这种先进的设计方法不仅提高了信号处理的效率和准确性，还为复杂环境下的目标识别和跟踪提供了强有力的技术支持。

4. 信息提取、识别和控制管理方面

在提高制导精度的过程中，人们致力于在复杂的电磁环境中识别干扰、区分目标以及准确识别目标的关键部位。通过深入研究信号处理技术，人们努力掌握导弹和目标的更多运动规律，从而进一步提高制导精度。这些努力将导引头的信息处理技术推向了全新的发展阶段。其中，微型处理器在导弹上的应用极大地推动了导弹信号处理技术的完善。如今，波形自适应和空域自适应滤波技术在导弹上的实际应用已成为现实，这为自适应管理和导引头的智能化奠定了坚实基础，开启了精确制导技术的新篇章。

5. 结构组成方面

导引头的数字化、集成化和小型化不仅显著减小了其体积，还极大地增强了这一复杂产品的可靠性。微处理器的应用对导引头的结构组成产生了深远的影响，促使导引头、引信、自动驾驶仪等设备逐渐融合为一体。这种融合形成了一个以主控器为核心，向分控器辐射的弹上分布式网络结构，进一步提升了导弹系统的整体性能和智能化水平。

随着相控阵技术在导弹上的成功应用，人们在传统的相位干涉仪式导引头基础上，推出了创新的捷联导引头方案。这一方案巧妙地实现了比例导引中所需的视线角速度测量和弹体去耦，而不需要依赖传统的机械式天线稳定平台。其强大的功能完全可以通过以微处理器为核心的先进电子设备来完成，从而极大地简化了导引头的结构设计。更进一步的是，当相控阵天线与天线罩实现一体化设计后，不仅简化了天线罩的设计和生产流程，还彻底消除了由天线罩可能引发的寄生耦合回路，这无疑使导弹控制系统的设计变得更为简洁高效。捷联惯导和捷联导引头的发展为弹上探测与控制的一体化设计指明了方向，预示着未来导弹技术将朝着更加智能化、集成化的方向发展。

6. 制导规律方面

制导规律的研究虽然是一个独立的领域，但对于导引头设计者而言，其重要性不容忽视。这是因为制导规律对导引头的测量参数提出了明确要求，从而对其基本方案产生了深远的影响。在实际应用中，制导规律需要在指令形成装置中得以实现，而自适应调

整制导规律则是导引头智能化的重要组成部分。因此，导引头设计者应当密切关注制导规律的发展，以确保导引头设计与制导规律之间的协调与匹配。

目前，自寻的制导导弹普遍采用比例导引规律及其各种变形的修正比例导引。这种制导规律在实际应用中表现出了良好的性能，因此在未来一段时间内，它将继续得到广泛的应用和完善。

随着目标特性的不断演变，如高速移动、大机动性以及采用多样化的干扰手段，传统的制导规律已难以满足现代战争的需求。为了应对这一挑战，现代控制理论和对策理论被广泛应用于最优制导规律、自适应显式制导规律以及微分对策制导规律的研究中。这些新兴制导规律旨在突破传统框架，实现制导精度、抗干扰能力和适应性上的重大飞跃。

以上的内容从几个核心方面简述了导引头可能的发展趋势，当用该系统装备部队时应考虑与当时所使用的目标性能相适应。由于一个导弹武器系统的研制往往需要 7～8 年，为避免研制的设备出现技术老化的问题，导引头系统设计者必须了解和掌握其中的发展趋势。

参 考 文 献

[1] 斯廷森. 机载雷达导论（第二版）[M]. 吴汉平，等译. 北京：电子工业出版社，2005.

[2] 莫伊尔，西布里奇. 军用航空电子系统[M]. 吴汉平，等译. 北京：电子工业出版社，2008.

[3] 斯科尼克. 雷达手册[M]. 南京电子技术研究所，译. 北京：电子工业出版社，2010.

[4] 丁鹭飞，耿富录，陈建春. 雷达原理（第四版）[M]. 北京：电子工业出版社，2009.

[5] 贲德，韦传安，林幼权. 机载雷达技术[M]. 北京：电子工业出版社，2008.

[6] 严利华，姬宪法，梅金国. 机载雷达原理与系统[M]. 北京：航空工业出版社，2010.

[7] 崔晓宝，李楠. 机载 PD 雷达对机动目标探测盲区计算模型研究[J]. 火控雷达技术，2008，37（3）：
     36-40，48.

[8] 高岚，江晶，蓝江桥，等. 机载脉冲多普勒雷达对运动目标可检测性模型分析[J]. 火力与指挥控
     制，2011，36（6）：61-63.

[9] 罗卫平，李战武，孙源源，等. 一种利用机载雷达多普勒盲区隐蔽接敌的机动决策方法[J]. 电光
     与控制，2015，22（1）：28-33，44.

[10] 马贤杰，李国平，王洪静，等. 国外红外导引头及红外诱饵发展历程与展望[J]. 航天电子对抗，
     2020，36（3）：58-64.